Python
模块化快速入门教程

主 编　陆远蓉　利业鞑　苏志鹏
副主编　李浩光　陈正浩　姜俊颖

航空工业出版社
北　京

内 容 提 要

本教材旨在通过 Python 编程语言的学习，帮助读者掌握计算机编程的基本概念和技能，并能够将其应用于实际工作和项目开发中。教材内容从入门到进阶，涵盖了 Python 语言的基础和应用，包括变量、数据类型、字符串、列表、条件分支、元组、字典、循环、函数等基础语法部分，以及库的应用、音视频处理、数据分析和自动化办公等进阶知识，让读者能够快速地掌握 Python 编程语言，理解 Python 强大的第三方库应用。本书适用于非软件开发相关专业的学生，也适用于对 Python 感兴趣的初学者。

图书在版编目（CIP）数据

Python 模块化快速入门教程 / 陆远蓉，利业鞑，苏志鹏主编 . — 北京：航空工业出版社，2024.4

ISBN 978-7-5165-3733-6

Ⅰ . ① P… Ⅱ . ①陆… ②利… ③苏… Ⅲ . ①软件工具－程序设计－教材 Ⅳ . ① TP311.561

中国国家版本馆 CIP 数据核字（2024）第 079240 号

Python 模块化快速入门教程

Python Mokuaihua Kuaisu Rumen Jiaocheng

航空工业出版社出版发行

（北京市朝阳区京顺路 5 号曙光大厦 C 座四层　100028）

发行部电话：010-85672666　010-85672683

北京荣玉印刷有限公司印刷	全国各地新华书店经售
2024 年 4 月第 1 版	2024 年 4 月第 1 次印刷
开本：889 毫米 × 1194 毫米　1/16	字数：360 千字
印张：13	定价：46.00 元

前　言

Python 作为一门高级编程语言，简洁易懂、易于学习，已经成为很多领域的首选编程语言。为了满足不同人群的需求，本书作者结合多年一线教学经验，编写了这本适用于初学者的教材。为贯彻《高等学校课程思政建设指导纲要》和党的二十大精神，落实立德树人的根本任务，本书结合中华优秀传统文化、数字化及数字经济等内容设计任务，使学生能更好地认识社会主义核心价值观和中华优秀传统文化，引导学生树立正确的世界观、人生观、价值观，积极投身社会建设。

本书的目标是帮助读者实现 Python 编程入门，打破读者对编程固有的"难"的印象，通过一个个结合实际情景的任务，让读者理解相关的编程知识并且懂得应用，快速、轻松地踏入 Python 编程大门，为未来应用 Python 编程语言解决专业领域问题打下良好的基础。本书在编写的过程中，遵循了以下原则。

注重实用性和趣味性。本书以实际 Python 应用情景为基础，将知识整合到模块中。每个模块对应一个相对独立的知识内容，并围绕一个主题设置多个任务，为读者提供趣味性的学习方式，帮助读者在轻松、有趣的氛围中学习 Python 知识。

精简知识点，重视实际应用。本书采用模块任务式结构，将任务的完成作为学习的目标，通过案例讲解知识点，根据模块中的任务设定实际应用情景，提供给读者简单的编程方案，提高读者学习的兴趣。

注重教学效果和质量。本书包含 15 个模块，前 11 个模块主要讲解 Python 的基础语法，后 4 个模块讲解 Python 中的内置库和常用的第三方库。本书通过这样的安排，从不同的方面介绍 Python 编程，帮助初学者掌握 Python 编程的基础知识和具体应用。此外，本书提供与任务对应的教学课件（PPT）、微课视频、习题、源码和素材等配套资源，有需要者可致电 13810412048 或发邮件至 2393867076@qq.com 领取。

本书任务结合实际情景，致力于帮助读者学会如何利用 Python 编程解决实际问题。此外，在内容设计、表述和素材等方面，本书特别针对高职高专非软件开发相关专业学生的特点，结合了实际教学经验和 AIGC（生成式人工智能）技术。本书从初学者的角度出发，循序渐进地引导读者学习语法、锻炼编程思维、总结解决实际问题的方法，帮助读者在实践的过程中体会编程乐趣，让初学者自信地进入 Python 编程的世界！

由于时间仓促和编者水平有限，书中存在的疏漏和不足之处，恳请读者批评指正。

编　者

2023 年 11 月

目　录

模块 1

Python 开发环境

知识目标

1. 掌握 Python 开发环境的安装方法，了解不同操作系统中安装 Python 的具体步骤。
2. 熟悉 Python 的交互式开发环境（IDLE）的基本操作。
3. 了解 Python 的集成开发环境 PyCharm 的基本操作。

能力目标

1. 能下载并安装 Python 开发环境，熟悉环境变量的配置方法。
2. 能使用 IDLE 运行 Python 代码并输出结果。
3. 能使用 PyCharm 新建、编辑和运行 Python 代码。

素养目标

1. 在学习中注重实践、勇于尝试，树立勇于探索的科学精神，发扬科学探究的创新精神。
2. 具备主动思考问题、分析问题的能力，从而培养解决问题的能力和创新思维能力。
3. 提升信息素养和科学素养，探究事物本质，以开放、发展的眼光看待问题。

模块导入

Python 是一种简单易学、功能强大、应用领域广泛的编程语言。在本模块中将学习 Python 开发环境的安装和使用，这是学习 Python 的第一步。

在本模块中会完成一系列的任务。首先，了解 Python 在不同领域中的应用，认识到学习 Python 的重要性。然后，学习使用集成开发环境（integrated development environment，IDE）。最后，学习 PyCharm 这个强大的 Python 集成开发环境的搭建，这也是本书中主要使用的开发环境。

通过完成这些任务，我们将逐步掌握 Python 开发环境的安装和配置，能够运行 Python 代码。

思维导图

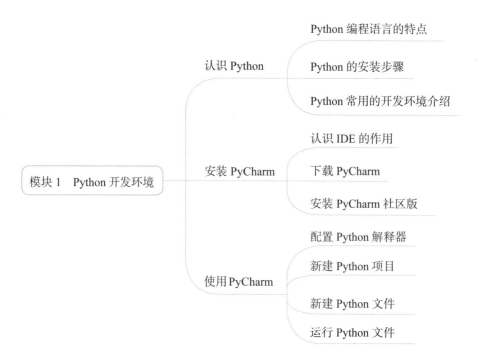

任务 1.1 认识 Python 并搭建开发环境

在本任务中我们将学习 Python 语言的特点，搭建 Python 开发环境。在开始任务实现之前，需要先了解一下相关的知识，为实现任务提供必要的知识储备。

1. 相关知识

随着人工智能、互联网、大数据、物联网等技术的发展，编程在我们的日常生活中所起的作用越来越大。编程不仅仅是计算机科学家或软件工程师所需的技能，也是一种基础技能，可以让我们融入未来的发展中。

Python 作为编程启蒙的语言是非常合适的，它极其简单易学，即使是从未接触过编程的初学者也能快速上手。Python 社区也非常活跃，有大量的开源项目和库，能够处理各种问题。

Python 可以应用在许多领域，如云计算、人工智能、科学计算、数据分析、科学研究、金融、生物医学、文本分析、语言学、图像处理、音视频处理、Web 开发等。掌握 Python 可以在未来打开更多领域的大门。无论从事什么工作，Python 编程都将是一项非常有用的技能。

Python 有两个主要版本——Python 2 和 Python 3，推荐安装 Python 3 版本。可以在 Python 官网（https://www.python.org）下载适合的安装包进行安装。

2. 任务实现

（1）访问 Python 官网。打开浏览器，输入 Python 官网地址访问官网。

（2）下载 Python 安装包。在官网首页单击"Downloads"菜单，在弹出的下拉框中单击按钮下载，显示对应的安装包，下载页面如图 1-1-1 所示。

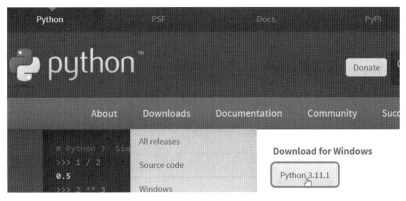

图 1-1-1　Python 下载页面

（3）运行安装程序。下载完成后，双击下载的安装包，然后按照提示单击"安装"按钮开始安装。

（4）设置 Python 路径。默认情况下，Python 会安装在 C 盘下，建议选择"Customize installation"选项，然后按需要设置文件夹。另外，在安装过程中，要勾选"Add Python.exe to PATH"选项，这样系统会自动配置环境变量，以后使用起来会简便很多。这两项设置如图 1-1-2 所示，安装成功界面如图 1-1-3 所示。

图 1-1-2　设置 Python 路径并勾选添加环境变量

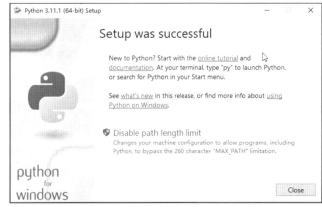

图 1-1-3　安装成功界面

（5）验证安装结果（可选）。安装完成后，打开"命令提示符"，输入"python"并按"Enter"键。如果显示 Python 的版本号，说明 Python 安装成功了。

（6）尝试使用 IDLE。打开 IDLE Shell，在 IDLE 中依次输入以下语句：print(1234567890123456789*9876543210123456789)、print(1234567890123456789+9876543210123456789)，在每条 print() 语句下面的蓝色字符就是运算结果，如图 1-1-4 所示。

Python 四则运算

图 1-1-4　在 IDLE 中输入语句

Tips:

print 的中文意思是"打印"，把信息"打印"到屏幕上，就是显示信息。

任务 1.2　安装 PyCharm

在这个任务中，我们将学习如何安装 PyCharm，它是 Python 的一个集成开发环境。

1. 相关知识

集成开发环境是一种为编程语言提供全面支持的软件工具。IDE 集成了代码编辑、代码调试、自动代码补全、语法检查、版本控制等功能，可以提供编写、编译、调试和测试等开发任务的一体化解决方案，从而大大提高编码效率。目前，有许多优秀的 Python IDE 可供选择，其中较为常用的有 PyCharm、Visual Studio Code（简称 VS Code）、Jupyter Notebook。

PyCharm 是由 JetBrains 开发的一款功能强大的 Python IDE，是许多 Python 开发者首选的开发环境。它具有智能代码提示、代码自动完成、代码格式化等功能，集成了调试器和版本控制系统，拥有丰富的插件，并支持多种 Python 框架。

2. 任务实现

在这个任务中，我们将从 Jetbrains 官网下载并安装 PyCharm，无论使用的是 Windows 系统，还是 Mac 系统，步骤基本相同。

（1）访问 PyCharm 网站。打开浏览器，输入地址 https://www.jetbrains.com/pycharm/ 访问 Pycharm 网站。

（2）下载 PyCharm。在 Pycharm 首页，单击"Download"按钮进入下载页面。页面中会根据所使用的操作系统显示对应的安装包，作为初学者，选择免费的 Community Edition 版本即可，如图 1-2-1 所示。

图 1-2-1　PyCharm 下载页面

（3）运行安装代码。下载完成后，双击下载的安装包（Windows 用户是 .exe 文件、Mac 用户是 .dmg 文件），然后按照提示单击"安装"按钮开始安装。

（4）验证安装结果。安装完成后，打开 PyCharm，软件弹出欢迎界面就表示安装成功。

任务 1.3　使用 PyCharm

在这个任务中，我们将使用 PyCharm 编辑并运行 Python 代码。

使用 PyCharm

1. 相关知识

下载并安装 PyCharm 后，在使用 PyCharm 编写 Python 代码前，需要配置一个 Python 解释器。Python 解释器就是让 PyCharm 知道要使用哪个 Python 版本去运行代码。配置解释器后，创建新的 Python 项目，设置项目名称和存储路径后，就可以编写和运行 Python 代码了。

2. 任务实现

在本任务中，需要通过 PyCharm 运行以下代码。

```
1①   print(5+3)
2    print(123*456)
3
4    print("python"*10)
```

（1）双击 PyCharm 图标打开软件，或者在 Windows 开始菜单中打开软件，如图 1-3-1 所示。

（2）在欢迎窗口，单击"Create Project"创建项目。

（3）设置项目名称，选择解释器和项目存储文件夹（这里是 E:\stduy\pythonProject），如图 1-3-2 所示。

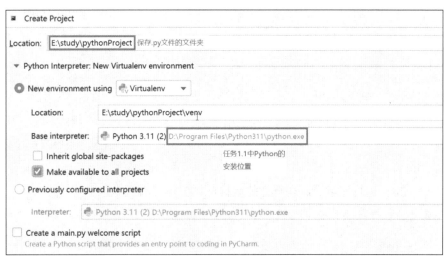

图 1-3-1　启动软件　　　　　　　　　　　　　　　图 1-3-2　新建项目

（4）在左侧项目文件区域右击鼠标，依次选择"New"→"Python File"选项，如图 1-3-3 所示。

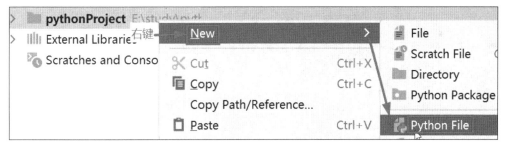

图 1-3-3　新建 Python 文件

（5）输入文件名"01"，如图 1-3-4 所示，并按"Enter"键保存文件。

（6）在 01.py 文件中输入任务实现提供的代码，如图 1-3-5 所示。

图 1-3-4　输入文件名　　　　　　　　　　　　　　图 1-3-5　输入代码

---

① 代码前的数字表示代码在编译器中的行数，有些为了内容讲解需要而设计，并无实义。

（7）输入完毕后右击鼠标，单击"运行 '01'"，如图 1-3-6 所示。

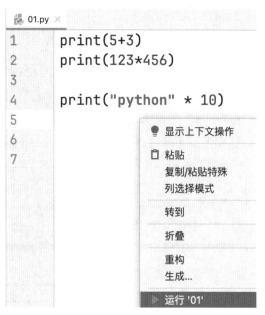

图 1-3-6　运行代码

（8）运行完毕后，在下方的运行窗口就可以看到结果如下。

8

56088

python python python python python python python python python python

如果想让 PyCharm 界面显示为中文，可以通过安装汉化插件的方式实现。依次单击"File" →
"Settings" → "Plugins"，进入插件安装界面。在搜索栏中输入"Chinese"后单击"Install"按钮开始安装，
安装完毕后重启 PyCharm 软件即可将界面显示切换为中文。

回顾总结

本模块是学习 Python 编程的第一步。首先了解了 Python 在不同领域的应用。接着学习如何下载和安装
Python、PyCharm，并在不同开发环境中运行代码。

应用训练

1. 安装 Python 和 PyCharm。

2. 请出两道四则运算题目，难度是计算器、Excel 都不容易得到结果的，然后编写一段 Python 代码获得
运算结果。

3. 配置 PyCharm 的解释器。

4. 在 PyCharm 中新建一个项目，然后编写一段输出党的二十大的主题的代码。

模块 2

变量和基础 print 输出

学习目标

知识目标

1. 理解变量的概念，明确变量在编程中的作用和重要性。
2. 掌握变量的命名规则和命名规范，能够根据实际需要合理命名变量。
3. 理解变量类型的概念，掌握常见的变量类型及其特点。
4. 掌握基础的 print() 输出方法，能够正确地输出指定的信息。
5. 熟悉 Python 的注释语法，能够编写注释，提高代码的可读性。

能力目标

1. 能够使用变量存储和管理数据。
2. 能够使用 print() 函数输出文本和变量的值。
3. 能够使用不同的数据类型（如整数、浮点数、字符串等）进行变量声明和赋值，并能够进行类型转换。
4. 能够灵活运用运算符和表达式，进行数值计算和字符串操作。
5. 能够使用 input() 函数获取用户输入，以及对用户输入进行类型转换和处理。

素养目标

1. 培养对计算机编程的兴趣与主动探索、实践的精神。
2. 培养逻辑思维和问题解决能力，在编写代码过程中能够发现问题、分析问题、解决问题。
3. 增强自我认知和自我反思能力，能发现并改正在编程过程中的错误和不足。
4. 了解中国传统文化的魅力，并在数字化时代传承和弘扬中国传统文化。

模块导入

　　在 Python 编程的学习过程中，理解变量和基础输出是至关重要的。本模块设计了一系列任务，可以帮助读者更好地掌握这些基本概念。这些任务涉及中国传统诗词、数字谜语、节日名称和日期等方面的内容，完成这些任务可以学习如何在 Python 中使用 print() 函数进行基本的文本输出，如何定义和使用变量，以及如何对字符串进行格式化输出。

思维导图

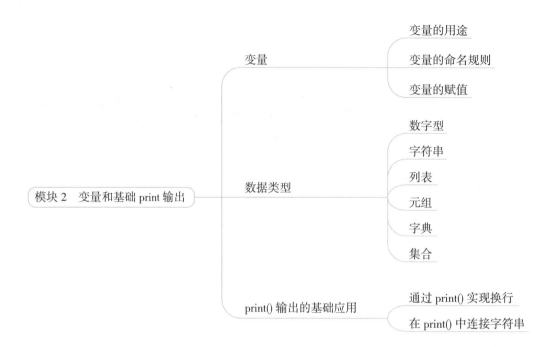

任务 2.1　绘制灯笼字符画

在这个任务中，我们将学习如何使用 Python 的 print() 函数绘制一个简单的灯笼字符画。

1. 相关知识

输出多行字符

字符画是由字符（如字母、数字、符号等）组成的图像，通过字符的组合来表现形状和结构。print() 函数是 Python 中最基本的输出函数，它可以将文本、数字等各种数据类型输出到终端。

1）单行文本输出

在 Python 中，可以使用如下语法进行文本输出。

```
1    print(" 文本内容 ")
```

这行代码的运行结果如下。

```
文本内容
```

2）多行文本输出

如果要输出多行内容，可以使用多条 print() 语句，示例代码如下。

```
1    print("o      o")
2    print(" o     o")
3    print("  o  o")
4    print("   o o")
5    print("    oo")
```

这里有 5 条 print() 语句，分别对应 5 行不同字符组合的输出，代码运行的结果如下。

```
 o      o
 o      o
  o    o
   o  o
    oo
```

2. 任务实现

在这个任务中需要绘制一个简单的灯笼字符画。灯笼常常出现在中国传统节日和庆典活动中，象征着喜庆和团圆。为了完成这个任务，可以使用以下代码。

```
1    print(" __ ")
2    print(" / ˉ \\")
3    print("|   |")
4    print(" \\___/")
5    print("  ||")
6    print("  ||")
```

在第 2、4 行中的"\\"，是转义字符，可以让 print() 输出"\"。运行这段代码，将得到如下输出。

```
 __
/  \
|  |
\__/
 ||
 ||
```

这个简单的灯笼字符画展示了如何使用 print() 函数绘制简单的图形。通过完成这个任务，我们能掌握如何使用 print() 函数输出字符。

知识延伸

需要多行输出的时候，除了使用一行对应一条 print() 的方式之外，还可以使用以下方式。

第一种方式是使用 \n 换行，示例代码如下。

```
1    print("o    o\n o    o\n o o\n o o\n oo")
```

第二种方式是使用三引号包围换行的字符串，示例代码如下。

```
1    print("""
2    o      o
3     o    o
4      o  o
```

```
5      o  o
6       oo''')
```

这两种输出方式的运行结果一致，具体结果如下。

```
o      o
o      o
 o    o
 o    o
   oo
```

任务 2.2　输出中国传统诗词

在这个任务中，我们将学习如何使用 Python 的 print() 函数来输出中国传统诗词。

1. 相关知识

在前面的任务中，已经学习了如何使用 Python 的 print() 函数进行基本文本输出。在这个任务中，将使用 print() 函数输出一首中国传统诗词。为了在输出时保持诗词的原始格式，需要学习如何使用转义字符实现换行。转义字符是在字符串中表示特殊字符的一种方法，如换行符、制表符等。换行符在 Python 中使用 \n 表示，示例代码如下。

```
1    print(" 学习 Python\n 学习 Python+1")
```

这行代码的输出结果如下。

```
学习 Python
学习 Python+1
```

2. 任务实现

为了保持诗词的原始格式，需要在字符串中使用转义字符 \n 实现换行。

本任务选择输出唐代诗人王维的《鸟鸣涧》，示例代码如下。

```
1    print(" 鸟鸣涧 \n 王维 \n 人闲桂花落 \n 夜静春山空 \n 月出惊山鸟 \n 时鸣春涧中 ")
```

运行这行代码，将得到如下输出结果。

```
鸟鸣涧
王维
人闲桂花落
夜静春山空
月出惊山鸟
时鸣春涧中
```

这个简单的示例展示了如何使用 print() 函数输出中国传统诗词。通过完成这个任务，我们将了解 print() 函数的基本用法，并掌握如何使用转义字符实现换行。

除了使用 \n 实现换行，还有一些常用的转义字符，如表 2-2-1 所示。

表 2-2-1　常用的转义字符

转义字符	作用
\n	换行符，将光标位置移动到下一行
\t	水平制表符，即 Tab 键。一般相当于 4 个空格
\b	退格符，即 Backspace 键，光标位置回退一位
\\	输出反斜线 \
\'	输出单引号 '
\"	输出双引号 "

任务 2.3　使用变量输出诗词

在这个任务中，我们将学习 Python 中变量的基础知识，包括变量的命名规则、变量的作用等。了解这些基本概念对于学习 Python 编程非常重要。

1. 相关知识

1) 变量的含义

当接触编程中的术语时，首先接触的是"变量"。

当我们来到快递驿站取快递（见图 2-3-1）的时候，快递员是怎样找到快递的呢？其实每个快递上有一个标签，标签上打印了不同的取件码。同时，货架上也贴有标签，标签上打印了不同的货架编号。快递员可以根据货架标签上的不同文字，找到货架，然后再根据取件码标签上的不同文字找到快递。

图 2-3-1　快递驿站货架

在快递标签和货架标签的共同作用下，才能找到快递。两种标签上的文字是会"变"的，这就是"变量"。由于两种标签代表不同的含义，需要给它们起不同的名字，这就是"变量名"。

回到编程的世界，变量是用来存储数据的容器。在 Python 中，变量不需要声明，在需要的时候直接赋值即可。

2）变量的命名规则

没有规矩，不成方圆。变量命名要符合 Python 的命名规范，良好的编程习惯也会让运行效率更高，Python 对变量命名有以下要求。

什么是变量类型

（1）只能使用字母、数字和下画线（ _ ）。

（2）可以以字母或下画线开头，但不能以数字开头。

（3）不能使用 Python 关键字。如 print、if 等。

（4）避免使用中文。

（5）变量名区分大小写。

（6）变量名应简洁且具有描述性。

【例 2-3-1】变量名配对

在表 2-3-1 中，左边是变量名，右边是要描述的内容，怎样配对合适呢？

表 2-3-1 待配对的变量名

编号	变量名	编号	描述的内容
1	age	a	上课的教室
2	name	b	年龄
3	room	c	性别
4	gender	d	姓名

根据左边变量名的中文翻译，和右边要描述的内容对应，可以得出这样的答案：1b、2d、3a、4c。

使用变量是为了让计算机"记住"一些东西，因此，变量名要能表示所描述的对象。虽然使用中文命名变量名，Python 也能运行，但考虑到编码、可读性、编程语言风格等方面的因素，最好避免使用中文作为变量名；另外，由于拼音同音字较多，最好也避免使用拼音作为变量名。

3）变量的赋值

在编程中，变量用于存储数据。变量的赋值是将某个值（数据）与一个变量名相关联的过程，变量的赋值使用赋值运算符。

【例 2-3-2】对不同变量赋值

假设现在有两个数据，一个是表示年龄的 20，一个是表示宿舍地址的"东区 301"。分别使用两个变量存储这两个数据，示例代码如下。

```
1    age = 20
2    room = "东区 301"
```

在这个例子中，创建了 age 和 room 两个变量。age 变量被赋值为整数 20，而 room 变量被赋值为字符串"东区 301"。然后，可以在代码中使用这些变量名来引用它们所存储的值。

【例 2-3-3】打印变量的值

对变量重复赋值后，使用 print() 函数把存储的宿舍号打印出来，示例代码如下。

```
1    room = " 东区 301"
2    print(room)
3    room = " 东 10-906"
4    print(room)
```

使用变量名 room 存储宿舍号，第 1 行和第 3 行代码，分别让 room 存储不同的值，"print(room)"的作用就是把 room 所表示的宿舍号打印出来，代码的运行结果如下。

```
东区 301
东 10-906
```

在上面代码的基础上增加第 5 行代码，示例代码如下。

```
5    print(Room)
```

运行代码，可以看到如下出错提示。

```
print(Room)
      ^^^^
```

NameError: name 'Room' is not defined. Did you mean: 'room'?

运行出错的原因：第 5 行代码和第 2、4 行代码的区别是 R 和 r 大小写不一致，Python 对变量名区分大小写，room 和 Room 代表两个变量。

通过例 2-3-3 能够理解：同一个变量名可以有不同的值；变量名是区分大小写的。

4）Python 的关键字

Python 的关键字也称保留字，指的是在 Python 中预先定义、有指定作用的标识符。Python 的关键字共有 35 个，如表 2-3-2 所示。

表 2-3-2　Python 关键字

and	continue	finally	is	raise
as	def	for	lambda	return
assert	del	from	None	True
async	elif	global	nonlocal	try
await	else	if	not	while

break	except	import	or	with
class	False	in	pass	yield

如果需要了解关键字的作用，可以在 IDLE 中查询。例如，要了解 if 的作用，可以在 IDLE 中输入 "help('if')"，然后 IDLE 就会显示出关键字的用法，如图 2-3-2 所示。

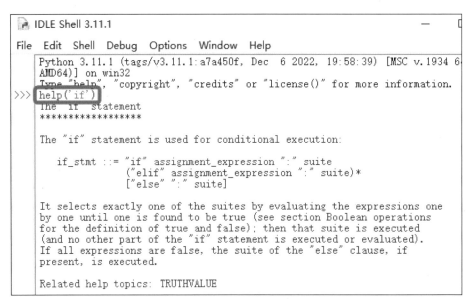

图 2-3-2　if 关键字的用法

2. 任务实现

在本任务中，我们将学习如何创建和使用变量，示例代码如下。

```
1    # 创建一个字符串变量，表示诗句标题
2    poem_title = ' 鸟鸣涧 '
3
4    # 创建另一个字符串变量，表示诗句作者
5    poem_author = ' 王维 '
6
7    # 创建一个字符串变量，表示一首脍炙人口的诗句
8    poem_line = ' 人闲桂花落 \n 夜静春山空 \n 月出惊山鸟 \n 时鸣春涧中 '
9
10   # 拼接字符串
11   print(' 这里有一首诗，诗的名字是：' + poem_title)
12   print(poem_title + ' 的作者是：' + poem_author)
13   print(poem_title + ' 的内容是：\n' + poem_line)
```

分别使用三个变量存储诗的名字、作者、内容,然后通过"+",根据不同的输出需求,把字符串拼接起来。运行代码,将得到如下输出结果。

这里有一首诗,诗的名字是:鸟鸣涧

鸟鸣涧的作者是:王维

鸟鸣涧的内容是:

人闲桂花落

夜静春山空

月出惊山鸟

时鸣春涧中

任务 2.4　输出部分传统节日的日期

在本任务中,我们将学习如何使用 Python 的 print() 函数输出我国传统节日的日期。

1. 相关知识

在前面的任务中学习了基础输出函数 print() 和变量的知识,在这个任务中,我们将学习如何使用字符串连接输出我国传统节日的日期。

字符串连接是指将两个或多个字符串拼接在一起,从而形成一个新的字符串。为了实现字符串连接,可以使用"+"将两个字符串首尾拼接在一起。

字符串的拼接

【例 2-4-1】字符串连接

以下是一个数字相加和简单的字符串连接示例。

```
1    number_a = 10
2    number_b = "10"
3    number_c = "20"
4    print(number_a + number_a)
5    print(number_b + number_b)
6    print(number_b + number_c)
```

在这个例子中,number_a 是一个整数,number_a+number_a 是数字的相加,而 number_b+number_b 和 number_b+number_c 是将字符连接在一起,形成一个新的字符串。运行这段代码,将得到如下输出结果。

20

1010

1020

2. 任务实现

选择三个中国传统节日:春节、中秋节、端午节。然后使用 print() 函数显示这些节日的名称及其相应的日期,示例代码如下。

```
1    spring_festival = " 春节 "
2    mid_autumn_festival = " 中秋节 "
3    dragon_boat_festival = " 端午节 "
4
5    print(spring_festival + "：农历正月初一 ")
6    print(mid_autumn_festival + "：农历八月十五 ")
7    print(dragon_boat_festival + "：农历五月初五 ")
```

在这段代码中，首先使用变量存储三个节日的名称，然后使用"+"连接每个节日和对应的日期。运行这段代码，将得到如下输出。

```
春节：农历正月初一
中秋节：农历八月十五
端午节：农历五月初五
```

通过完成这个简单的任务，我们可以学会如何使用 print() 函数输出变量和文本，了解中国传统节日。

任务 2.5   综合实践——实现两人对话

两人对话

作为本模块的最后一个任务，在本任务中，我们将创建一个简单的两人对话的代码，用于展示两人的对话内容。

1. 相关知识

完成本任务需要综合应用本模块前面学到的知识。其中包括使用 print() 函数输出文本，创建和使用变量存储信息，以及使用"+"运算符连接多个字符串变量。这些知识在前面的任务 2.1 至 2.4 中都有详细介绍。有了这些知识储备就可以开始实现两人对话了。

2. 任务实现

为了实现两人对话任务，可以使用以下代码。

```
1    first_words = " 您好！ "
2    student_a = " 张伞 "
3    student_b = " 李思 "
4    room_a = " 东区 301"
5    room_b = " 东 10-603"
6    link_word = ":"
7
8    print(student_a + link_word + first_words)
9    print(student_b + link_word + first_words)
10   print(student_a + link_word + room_a)
11   print(student_b + link_word + room_b)
```

首先使用变量存储两名学生的名字、宿舍号、问好的话等内容，然后通过"+"连接相关的字符串。运行这段代码，将得到如下输出结果。

张伞：您好！

李思：您好！

张伞：东区 301

李思：东 10-603

回顾总结

本模块是关于 Python 编程的基础知识。首先，通过 print() 函数介绍如何在 Python 中输出文本信息，print() 函数是 Python 中的一个用于显示各种内容的重要工具。接着，通过绘制字符画和输出传统诗词，熟悉 print() 函数的使用。然后，本模块又介绍了变量的概念，包括变量的作用和命名规则，以及赋值语句。最后介绍了如何进行数据交互。本模块中的 print() 函数应用、变量操作、处理不同数据类型以及赋值操作是进一步学习和应用 Python 编程的基础。

应用训练

1. 使用 print() 语句输出新学期的目标，相关的变量包括目标、计划、奖励。

2. 打印一个由字符组成的图形。

3. 假设一个情景，2 位诗人用诗词的对话。要求该对话来回至少 2 次，并且使用变量表示诗人的名字。

模块 3

数据类型和 input 输入

学习目标

▷ **知识目标**

1. 理解 Python 的算术运算符、比较运算符、逻辑运算符等运算符。

2. 了解数据类型的概念、分类和转换，学会使用字符串、整型、浮点型、布尔型等常见数据类型。

3. 掌握基本的输入输出函数的使用方法。

▷ **能力目标**

1. 能够按需要使用不同的数据类型，如字符串、整型、浮点型、布尔型等。

2. 能够灵活运用运算符和表达式进行数值计算和字符串操作。

3. 能够使用 input() 函数获取用户输入，以及对用户输入进行类型转换和处理。

4. 能够灵活应用数据类型和输入输出函数，编写简单的代码，实现基本的输入输出和计算功能。

▷ **素养目标**

1. 培养主动探索和实践的精神，发现编程的乐趣和价值。

2. 在编写代码过程中能够发现问题、分析问题、解决问题，提高实际操作能力。

3. 增强自我认知和自我反思能力，提高编程能力。

4. 认识数字化建设的必要性，培养数字化的思维和使用数字化技术解决实际问题的能力。

模块导入

在 Python 编程的学习过程中，理解数据类型及其转换以及获取用户输入是非常重要的。这些基本概念为在实际应用中处理各种数据提供了基础。

本模块讲解了如何在 Python 中识别和使用不同的数据类型，如字符串、整型、浮点型和布尔型等，介绍了如何在不同数据类型之间进行转换。通过完成本模块的任务，我们可以逐步掌握数据类型转换和用户输入在实际编程中的应用，为学习编程打下坚实的基础。

思维导图

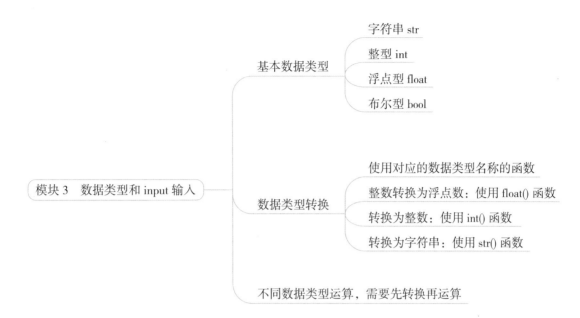

任务 3.1　了解基本数据类型

在这个任务中，我们将学习 Python 中的基本数据类型，包括字符串、整型、浮点型和布尔型。

1. 相关知识

1）字符串

字符串（str）是由零个或多个字符组成的有序字符序列，用于表示文本信息。字符串常用于表示名称、描述等。Python 中的字符串必须使用引号括起来，可以使用单引号、双引号、三引号。

【例 3-1-1】对变量赋字符串类型值

在这个例子中，对三个变量分别赋予不同的字符串值，示例代码如下所示。

```
username = " 张伞 "
product_name = " 华为路由器 "
product_description = "AX3-pro Wi-Fi 6+ 3000Mbps 一碰触网 "
```

2）整数

整数（int）是不带小数点的数，包括正整数、负整数和零。整型数据可以进行基本的算术运算，如加减乘除。社交平台上的点赞数、评论数和分享数都可以用整数表示。

【例 3-1-2】对变量赋整数类型值

用三个变量分别存储点赞数、评论数和分享数，示例代码如下所示。

```
likes = 100
comments = 25
shares = 10
```

3）浮点数

浮点数（float）是带小数点的数，包括正浮点数、负浮点数和零。浮点数也可以是带有"e"的科学数字。电商平台上的商品价格、折扣率等可以用浮点数表示。

【例 3-1-3】对变量赋浮点数类型值

用两个变量分别存储商品价格、折扣率，示例代码如下所示。

```
price = 99.99
discount_rate = 0.85
```

4）布尔值

布尔值（bool）是一种逻辑数据类型，只有两个值：True（真）和 False（假）。布尔值常用于表示条件、状态等。例如，商品是否有货、用户是否在线等可以用布尔值表示。

【例 3-1-4】对变量赋布尔类型值

用两个变量分别表示商品是否有货、用户是否在线，示例代码如下所示。

```
in_stock = True
online = False
```

2. 任务实现

创建一段简单的代码，用来显示用户名、商品价格、点赞数、是否有货。

```
1    # 字符串
2    username = " 张伞 "
3    print(" 用户名： ", username)
4
5    # 浮点数
6    price = 99.9
7    print(" 价格： ", price ,"元 ")
8
9    # 整数
10   likes = 100
11   print(" 点赞数： ", likes)
12
13   # 布尔值
14   in_stock = True
15   print(" 是否有货： ", in_stock)
```

运行这段代码，得到如下输出。

```
用户名： 张伞
价格： 99.9 元
点赞数： 100
```

是否有货：True

任务 3.2　实现数据类型转换

在这个任务中，我们将学习如何实现不同数据类型之间的转换。

1. 相关知识

使用 Python 编程时，会出现所提供的数据类型并不能满足计算要求的情况，此时就需要对数据类型进行转换。Python 提供了四个可用于类型转换的内置函数，这些函数是 float()、int()、str() 和 bool()。

1) 将整数转换为浮点数

有时获得的数据是整数形式，但程序中需要对数据进行精确到小数的计算或者在某些操作中需要使用浮点数，这时候就需要使用 float() 函数将整数转换为浮点数。

【例 3-2-1】整数转换为浮点数

```
likes = 99
likes_float = float(likes)
print(type(likes_float), likes_float)  # 输出：<class 'float'> 99.0
```

2) 将浮点数转换为整数

当需要将小数部分舍去，只保留整数部分，或者在整数运算的场景中使用浮点数，这时就需要使用 int() 函数将浮点数转换为整数。

【例 3-2-2】浮点数转换为整数

```
price_float = 99.9
price_int = int(price_float)
print(type(price_int), price_int)  # 输出：<class 'int'> 99
```

3) 将数字（整数或浮点数）转换为字符串

当需要把数字作为字符串拼接或者输出文本时，就需要使用 str() 函数将数字转换为字符串形式以便于显示或处理。

【例 3-2-3】整数转换为字符串

```
likes_int = 99
likes_str = str(likes_int)
print(type(likes_str), likes_str)  # 输出：<class 'str'> 99
```

【例 3-2-4】浮点数转换为字符串

```
price_float = 99.9
price_str = str(price_float)
print(price_str)  # 输出：99.9
```

21

4) 将字符串转换为数字（整数或浮点数）

当需要从用户输入或者文件读取等场景中获取的字符串数据时，需要使用 int() 或 float() 函数转换为数字进行计算或处理。不是所有的值都可以强制转化为其他数据类型的。例如，如果尝试将不表示数字的字符串转换为整数或浮点数时，将引发 ValueError。

【例 3-2-5】字符串转换为数字

```
like_str = '87.2'
like_str2 = 'aaa'

# 注意：尝试将非数字的字符串使用 int() 转化为数字时会引发 ValueError。
print(type(float(like_str)), float(like_str)) # 输出：<class 'float'> 87.2
# print(type(int(like_str2)), int(like_str2)) # 这行代码会引发 ValueError
```

有了这些基本知识储备就可以开始实现任务了。

2. 任务实现

创建一段简单的代码，实现计算商品的折扣。

```
1    # 将字符串转换为数字（整数和浮点数）
2    price_str = "99.99"
3    price = float(price_str)
4    discount_rate_str = "0.85"
5    discount_rate = float(discount_rate_str)
6
7    # 计算折扣后的价格
8    discounted_price = price * discount_rate
9
10   # 将计算结果转换为字符串类型
11   discounted_price_str = str(discounted_price)
12
13   # 输出结果
14   print(" 原价：", price_str)
15   print(" 折扣率：", discount_rate_str)
16   print(" 折扣后的价格：", discounted_price_str)
```

运行这段代码，得到的输出结果如下。

```
原价： 99.9
折扣率： 0.85
折扣后的价格： 84.915
```

任务 3.3　实现简易购物计算器

在本任务中，我们需要编写一段代码，让用户输入自己的账户名、密码和验证码，然后程序输出一个登录成功或失败的提示信息。

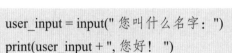

input 入门

1. 相关知识

【例 3-3-1】获取输入的信息

input() 函数可用于获取用户输入的信息，示例代码如下。

```
user_input = input(" 您叫什么名字：")
print(user_input + "，您好！")
```

运行这段代码，得到的输出结果如下。

```
您叫什么名字：aa
aa, 您好！
```

需要注意的是，input() 函数返回的数据类型始终是字符串。如果需要处理数字类型的输入，需要使用 int() 或 float() 函数对输入内容进行类型转换。

【例 3-3-2】计算出生年份

通过用户输入的年龄，计算出用户的出生年份，示例代码如下。

```
this_year = 2024  # 假设今年是 2024 年
age_str = input(" 请输入您的年龄：")
age_int = int(age_str)
birth_year = this_year - age_int
print(" 您的出生年份是：" + str(birth_year))
```

计算年龄

运行这段代码，得到的输出结果如下。

```
请输入您的年龄：20
您的出生年份是：2004
```

【例 3-3-3】输入信息并显示

在现实生活中，常常需要在网站、手机应用等场景中输入信息。例如，登录一个网站时，需要输入用户名、密码和验证码。这个场景可以用 input() 函数来模拟，示例代码如下所示。

```
user_name = input(" 请输入您的用户名：")
password = input(" 请输入您的密码：")
verification_code = input(" 请输入验证码：")
```

运行这段代码，得到的输出结果如下。

```
请输入您的用名：bb
请输入您的密码：22
请输入验证码：yanzm
bb
22
yanzm
```

2. 任务实现

创建一个计算购物金额的计算器，用户输入商品价格和数量，程序自动计算总金额并输出计算结果。

1）获取用户输入

首先，需要获取用户输入的商品价格和数量。可以使用 input() 函数来实现这一功能。

```
1   price_str = input(" 请输入商品价格：")
2   quantity_str = input(" 请输入商品数量：")
```

2）转换数据类型

接下来，需要将用户输入的字符串类型的价格数据转换为浮点数，输入的商品数量转换为整数，以便进行计算。

```
3   price = float(price_str)
4   quantity = int(quantity_str)
```

3）计算总金额并输出

现在，将价格乘以数量，得到总金额，然后使用 print() 输出结果。

```
5   total_amount = price * quantity
6   print(" 您需要支付的总金额为：" + str(total_amount) + " 元。")
```

注意，为了在输出时与其他字符串拼接，需要将总金额由浮点数类型转换为字符串类型。

4）完整代码

将上述代码片段组合在一起，得到一个简易购物计算器的完整代码，示例代码如下。

```
1    # 获取用户输入的商品价格和数量
2    price_str = input(" 请输入商品价格：")
3    quantity_str = input(" 请输入商品数量：")
4
5    # 转换数据类型
6    price = float(price_str)
7    quantity = int(quantity_str)
8
9    # 计算总金额并输出
10   total_amount = price * quantity
11   print(" 您需要支付的总金额为：" + str(total_amount) + " 元。")
```

运行这段代码，得到如下输出结果。

请输入商品价格：19.9
请输入商品数量：2
您需要支付的总金额为：39.8 元。

任务 3.4　综合实践——简易问卷调查

在这个任务中，我们将综合应用前面学到的知识，制作一个简易的问卷调查代码。代码将获取用户的一些基本信息，如姓名、年龄、性别和喜好等。

1. 相关知识

要完成本任务综合需要应用本模块前面学到的知识。首先，根据任务 3.1，理解不同的数据类型，从而处理不同类型的用户数据。其次，根据任务 3.2，能够将字符串数据类型转换为整型，有助于处理用户数据。最后，根据任务 3.3，掌握如何使用 input() 函数与用户进行交互，有助于获取用户输入。有了这些知识储备就可以开始实现简易问卷调查的任务了。

2. 任务实现

1）获取用户输入

首先，需要获取用户输入的姓名、年龄、性别和喜好。可以使用 input() 函数来实现这一功能，示例代码如下。

```
1    name = input(" 请输入您的姓名：")
2    age_str = input(" 请输入您的年龄：")
3    gender = input(" 请输入您的性别（男 / 女）：")
4    favorite = input(" 请输入您感兴趣的产品类型：")
```

2）转换数据类型

接下来，需要将用户输入的字符串类型的年龄数据转换为整数，以便进行后续操作，示例代码如下。

```
5    age = int(age_str)
```

3）输出问卷结果

然后，需要将问卷调查的结果输出给用户，示例代码如下。

```
6    print(" 感谢您的参与！以下是您的问卷信息：")
7    print(" 姓名：" + name)
8    print(" 年龄：" + age_str)
9    print(" 性别：" + gender)
10   print(" 兴趣产品：" + favorite)
```

4）完整代码

最后，将上述代码片段组合在一起，得到一个简单的问卷调查的完整代码，示例代码如下。

```
1    # 获取用户输入
2    name = input(" 请输入您的姓名：")
3    age_str = input(" 请输入您的年龄：")
4    gender = input(" 请输入您的性别（男 / 女）：")
5    favorite = input(" 请输入您感兴趣的产品类型：")
6
7    # 转换数据类型
8    age = int(age_str)
9
10   # 输出问卷结果
11   print(" 感谢您的参与！以下是您的问卷信息：")
12   print(" 姓名：" + name)
13   print(" 年龄：" + age_str)
14   print(" 性别：" + gender)
15   print(" 兴趣产品：" + favorite)
```

运行这段代码，得到如下输出：

```
请输入您的姓名：李思
请输入您的年龄：20
请输入您的性别（男 / 女）：男
请输入您感兴趣的产品类型：跑步鞋
感谢您的参与！以下是您的问卷信息：
姓名：李思
年龄：20
性别：男
兴趣产品：跑步鞋
```

回顾总结

本模块主要讲解了 Python 的数据类型和用户输入。本模块首先介绍了如何用 print() 输出字符串和整型变量。然后介绍了如何接受用户的输入，以及如何使用 type() 查看变量类型。最后介绍了如何进行数据类型转换，包括将字符串转换为整数、浮点数以及布尔型数据。本模块的知识为处理不同类型的数据和与用户进行互动提供了基础。

应用训练

1. 单位运算。日常中显示器、电视机的尺寸使用的是英寸，请根据 1 英寸 =2.54 厘米的换算关系，输入英寸，输出对应的厘米数。

2. 计算上学读书多少年。输入开始读书的年份，输出已经读书多少年。

3. 假设一个日常情景，用 input() 输入有主题的东西，然后用 print() 输出有主题的东西。

模块 4

print 输出详解

学习目标

▷ **知识目标**

    1. 理解 print() 函数的基本语法和使用方法。

    2. 学习常用的转义字符，理解转义字符在 print() 函数中的作用。

    3. 学习有关 print() 函数的格式化输出知识。

▷ **能力目标**

    1. 能够熟练运用 print() 函数输出字符串、数字等不同类型的数据。

    2. 能够使用转义字符对输出内容进行格式化。

    3. 能够使用 % 和 format() 对输出内容进行格式化。

▷ **素养目标**

    1. 培养勇于实践、主动学习、自省慎独的学习习惯。

    2. 培养发现问题、解析问题和处理问题的能力。

    3. 以发展的眼光看待问题，关注社会进步、科技创新对日常生活的影响。

    4. 感受中国传统文化的魅力。

模块导入

    在这个模块中，我们将更深入地学习 Python 中的一个重要概念——输出。智能家居是数字化时代的一个重要应用场景，传感器在其中扮演着关键角色，通过收集各种环境数据，帮助我们更好地控制和管理家庭环境。在这个过程中，输出信息是非常重要的，它使得我们可以在屏幕上显示传感器的数据，以及与用户进行交互。

    输出信息是 Python 的一个基本操作，通过本模块的学习，我们能够理解 Python 的输出语句。

    本模块通过实现物联网设备信息的系列任务，帮助我们学习输出信息的基本操作和应用，如字符串的 format 方法和 f-string 等。通过这些任务，我们将逐步掌握输出信息的相关知识，并了解数字化时代输出信息处理的重要性和其应用场景。

思维导图

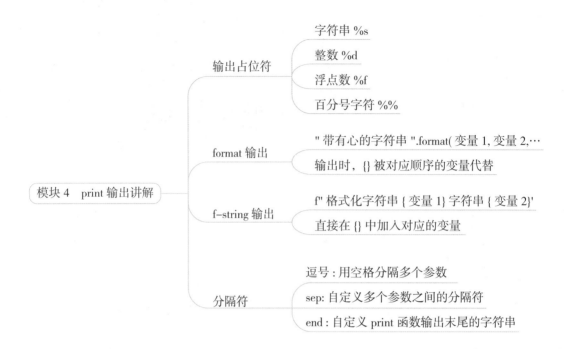

任务 4.1 显示传感器信息

本任务结合数字化的背景，可帮助我们学习如何使用格式化输出，以及将不同类型的数据整合到一起提高输出结果的可读性。

1. 相关知识

在 Python 中，经常需要将不同类型的数据整合到一起进行输出。格式化输出是一种常用的方法，可以轻松地将各种数据类型组合成一个易于阅读的字符串。Python 提供了多种格式化输出的方法，如使用%符号、字符串的 format 方法以及 f-string 等。

1）print 语句%格式符对应的数据类型

%符号在格式化字符串中起到了指定占位符的作用，Python 会将这些占位符替换为指定的变量值。%符号通常与一些占位符搭配使用，常用的格式化输出占位符如表 4-1-1 所示。

表 4-1-1　格式化输出占位符

占位符	对应的数据类型
%s	字符串类型
%d	整数类型
%f	浮点数类型
%%	在字符串中表示一个百分号字符（%）

2）%占位符应用举例

【例 4-1-1】使用%占位符显示不同的数据类型

在这个例子中，需要使用 print() 输出"冰墩墩"的名字和尺寸，示例代码如下。

```
1    name = " 冰墩墩 "
2    size = 20
3    print(" 姓名：%s，尺寸：%d cm" % (name, size))
```

在这个示例中，%s 占位符用于表示字符串类型变量 name，%d 占位符用于表示整数类型变量 age，代码的运行结果如下。

姓名：冰墩墩，尺寸：20 cm

格式化输出

2. 任务实现

在这个任务中，我们将通过一个物联网设备的例子来学习如何使用格式化输出。假设有一个智能温度传感器需要实时显示传感器的 ID、温度和湿度等信息。

（1）定义传感器的 ID、温度和湿度这三个变量，示例代码如下。

```
1    sensor_id = 101
2    temperature = 23.5
3    humidity = 55
```

（2）使用 % 符号进行格式化输出，示例代码如下。

```
4    output = " 传感器 ID: %d, 温度：%.1f℃, 湿度：%d%%" % (sensor_id, temperature, humidity)
5    print(output)
```

（3）完整的代码如下。

```
1    # 定义传感器的 ID、温度和湿度这三个变量
2    sensor_id = 101
3    temperature = 23.5
4    humidity = 55
5
6    # 使用 % 符号进行格式化输出
7    output = " 传感器 ID: %d, 温度：%.1f℃, 湿度：%d%%" % (sensor_id, temperature, humidity)
8    print(output)
```

运行这段代码，得到如下的输出结果。

传感器 ID: 101, 温度：23.5℃, 湿度：55%

这个简单的物联网设备示例展示了如何使用格式化输出来整合和展示不同类型的数据。通过完成这个任务，我们可以了解格式化输出的基本概念和语法，并掌握使用 % 符号进行格式化输出的方法。

任务 4.2　使用 format() 输出传感器信息

在这个任务中我们将学习字符串的 format() 方法，它是一种常用的格式化输出方式。

1. 相关知识

字符串的 format() 方法是 Python 中一种常见的格式化输出方式，它比 % 符号更强大并易于阅读理解和维护。

1）format() 的语法

字符串的 format() 方法允许在字符串中插入大括号 {} 作为占位符，这些占位符将在执行 format() 方法时被指定的变量值替换。format() 方法的语法如下。

print 使用有数字的 {}

> " 带有 {} 的字符串 ".format(变量 1, 变量 2, ...)

2）format() 的应用举例

【例 4-2-1】使用 format() 方法显示不同的数据类型

在这个例子中，需要使用 print() 和 format() 输出"冰墩墩"的名字和尺寸，示例代码如下。

```
1    name = " 冰墩墩 "
2    size = 20
3    print(' 姓名：{}，尺寸：{}'.format(name, size))
```

在本例中，字符串中的大括号 {} 作为占位符，表示将被变量值替换的位置。format() 方法将按照顺序用变量 name 和 size 的值替换占位符。运行这段代码，将得到如下输出结果。

姓名：冰墩墩，尺寸：20cm

在例 4-1-1 中，使用 % 占位符实现了这样的输出，两种方法存在一定的区别。

【例 4-2-2】使用 format() 方法输出节日祝福

中国有许多传统节日，比如春节、中秋节等，使用 format() 方法输出春节祝福，示例代码如下。

```
1    year = 2023
2    zodiac = " 兔 "
3    print('{} 年是 {} 年，{} 年岁岁平安！愿得长如此，年年物候新！ '.format(year, zodiac, zodiac))
```

运行这段代码，将得到如下输出结果。

2023 年是兔年，兔年岁岁平安！愿得长如此，年年物候新！

3）format() 方法的补充说明

除了按顺序替换， format() 方法还支持以下功能。

（1）使用位置参数：print(' 姓名：{}，尺寸：{}cm'.format(name， size))。

（2）使用关键字参数：print(' 姓名：{n}，尺寸：{s}cm'.format(n=name， s=size))。

（3）设置精度、填充、对齐等格式说明符。

在【例 4-2-2】的春节祝福中，也可以使用在模块 2 中学习的加号(+)把字符串连接起来，示例代码如下。

print(str(year) + ' 年是 ' + zodiac + ' 年，' + zodiac + ' 年岁岁平安！愿得长如此，年年物候新！ ')

2. 任务实现

在这个任务中，我们将通过一个物联网设备的例子来学习如何使用字符串的 format() 方法进行格式化输出。假设有一个智能湿度传感器，需要实时显示传感器的 ID、湿度和电池电量等信息。

（1）定义传感器的 ID、湿度和电池电量这三个变量，示例代码如下所示。

```
1    sensor_id = 102
2    humidity = 60
3    battery = 75
```

（2）使用字符串的 format() 方法进行格式化输出，示例代码如下所示。

```
4    output = " 传感器 ID: {}, 湿度 : {}%, 电池余量 : {}%".format(sensor_id, humidity, battery)
5    print(output)
```

（3）整合完整代码，示例代码如下所示。

```
1    # 定义传感器的 ID、湿度和电池电量这三个变量
2    sensor_id = 102
3    humidity = 60
4    battery = 75
5
6    # 利用字符串的 format() 方法进行格式化输出
7    output = " 传感器 ID: {}, 湿度 : {}%, 电池余量 : {}%".format(sensor_id, humidity, battery)
8    print(output)
```

运行这段代码，得到如下输出结果。

传感器 ID: 102, 湿度 : 60%, 电池余量 : 75%

这个简单的物联网设备示例展示了如何使用字符串的 format() 方法来整合和展示不同类型的数据。通过完成这个任务，我们可以了解字符串的 format() 方法的基本概念和语法，并掌握如何使用 format() 方法进行格式化输出。

任务 4.3　使用 f-string 输出传感器信息

在这个任务中，我们将学习 f-string 的用法。f-string 是一种更简洁、易读的格式化输出方式。结合行业数字化的背景，如在物联网设备中实时展示温度、湿度和空气质量等数据，学习如何使用 f-string 将这些数据整合到一起，形成一条易于阅读的信息。

1. 相关知识

f-string(格式化字符串字面值) 是 Python 3.6 中新增的格式化输出表达式，相比传统的 % 和 str.format() 语法，它具有更简洁清晰的写法和更优异的运行效率。

1）f-string 的基本语法

```
f" 格式化字符串 { 变量 1} 字符串 { 变量 2}"
```

在格式化字符串中，使用大括号（{}）作为占位符，并在大括号内直接使用变量名。

2）f-string 应用举例

【例 4-3-1】使用 f-string 输出设备信息

在物联网设备中，可能需要输出设备的 ID、状态和电池电量等信息，可以使用 f-string 进行格式化输出，示例代码如下。

```
1    device_id = 1001
2    status = " 在线 "
3    battery − 85
4
5    output = f" 传感器 ID: {device_id},状态 : {status},电池余量 : {battery}%"
6    print(output)
```

运行这段代码，得到如下输出结果。

传感器 ID: 1001,状态 : 在线 ,电池余量 : 85%

2. 任务实现

在这个任务中，我们将通过一个物联网设备的例子来学习如何使用 f-string 进行格式化输出。假设有一个智能温度传感器，需要实时显示传感器的 ID、温度和电池电量等信息。

（1）定义传感器的 ID、温度和电池电量这三个变量，示例代码如下。

```
device_id = 1001
status = " 在线 "
battery = 85
```

（2）使用 f-string 进行格式化输出，示例代码如下。

```
output = f" 传感器 ID: {device_id},状态 : {status},电池余量 : {battery}%"
print(output)
```

（3）整合完整后，代码如下。

```
1    # 定义传感器的 ID、温度和电池电量这三个变量
2    device_id = 1001
3    status = " 在线 "
4    battery = 85
5
6    # 使用 f-string 进行格式化输出
7    output = f" 传感器 ID: {device_id},状态 : {status},电池余量 : {battery}%"
8    print(output)
```

运行这段代码，得到如下输出。

传感器 ID: 1001, 状态：在线，电池余量：85%

这个简单的物联网设备示例展示了如何使用 f-string 来整合和展示不同类型的数据。通过完成这个任务，我们可以了解 f-string 的基本概念和语法，并掌握如何使用 f-string 进行格式化输出。

任务 4.4   深入了解 print 函数

在这个任务中，我们将深入了解 print 函数的高级功能，包括 sep、end 的用法。

1. 相关知识

1）逗号输出多个参数

当用逗号分隔 print 函数中的多个参数时，print 函数会按照参数的顺序依次输出。默认情况下，逗号在输出中表现为空格。

print 的换行

【例 4-4-1】运用逗号输出多个参数

在这个例子中，使用逗号输出两个字符串，示例代码如下。

```
1    print(' 好 ',' 去哪里？ ')
```

运行这段代码，将得到如下输出结果。

好 去哪里？

2）sep 自定义参数分隔符

sep 参数可以自定义多个参数之间的分隔符，也就是可以使用 sep 参数来更改默认的分隔符（空格）。

【例 4-4-2】设置感叹号为参数分隔符

在这个例子中，使用感叹号分隔输出两个字符串，示例代码如下。

```
1    print(' 好 ',' 去哪里？ ', sep='!')
```

运行这段代码，将得到如下输出结果。

好！去哪里？

3）end 替换默认的换行符

end 参数用于自定义 print 函数输出末尾的字符串。默认情况下，print 函数在输出末尾添加一个换行符，使得下一次输出内容出现在新的一行。使用 end 参数可以更改默认的换行符。

【例 4-4-3】设置感叹号代替输出末尾的换行符

在这个例子中，使用感叹号作为末尾的换行符，示例代码如下。

```
1    print(' 好 ',' 去哪里？ ', end='!')
```

运行这段代码，得到如下输出结果。

好 去哪里？！

4）print 输出空行

print 函数在不传递任何参数时会输出空行。

【例 4-4-4】通过 print 分隔输出结果

在这个例子中，使用 print 输出空行，示例代码如下。

```
1    print(' 好 ')
2    print()
3    print(' 去哪里？')
```

运行这段代码，得到如下输出结果。

```
好


去哪里？
```

有了这些基本知识储备就可以开始实现任务 4.4 深入了解 print 函数了。

2. 任务实现

在这个任务中，我们将通过一个人和智能家居设备之间的对话来展示如何运用 print 函数的高级功能。人和智能家居设备之间的对话如下。

```
人：小智小智
智能音箱：在呢，我在呢


人：现在的温度是多少？
智能音箱：当前室内温度是 25 度。


智能音箱：还有什么需要
```

为了实现这个效果，需要使用不同的 print 函数参数来实现这个对话，示例代码如下所示。

```
1    person = ' 人 '
2    device = ' 智能音箱 '
3
4    print(person, " 小智小智 ", sep=":")
5    print(device, " 在呢，我在呢 ", sep=":")
6    print()
7    print(person, " 现在的温度是多少？", sep=":")
8    print(device, " 当前室内温度是 25 度。", sep=":", end="\n\n")
9    print(device, " 还有什么需要 ", sep=":")
```

这个简单的示例展示了如何使用不同的 print 函数参数来实现对话效果。通过完成这个任务我们可以了解如何使用 sep 参数来自定义分隔符，使用 end 参数来自定义输出末尾的字符串，以及如何通过 print 函数的多次调用来构建对话场景。

任务 4.5　综合实践——简易天气报告系统

在这个任务中，我们将创建一个简易的天气报告系统。该系统需要展示当前的城市、温度、湿度和天气状况等信息。这个任务将综合运用本模块所学的知识点，包括格式化输出方法和 print 函数的高级功能。

1. 相关知识

要完成本任务需要综合应用本模块前面学到的知识。其中包括使用格式化输出方法（如 %，format() 和 f-string）将城市、温度、湿度和天气状况等信息整合到一起，形成一条易于阅读的信息；灵活使用 print 函数的 sep 参数来自定义不同信息之间的分隔符，使用 print 函数的 end 参数来控制输出信息。这些格式化输出方法和 print 函数的高级功能，在前面的任务中都有详细介绍。有了这些知识储备就可以开始实现创建简易天气报告系统任务了。

2. 任务实现

按照设定的需求，编写出以下代码。

```
1   # 定义城市、温度、湿度和天气状况等变量
2   city = " 深圳 "
3   temperature = 31
4   humidity = 62
5   weather = " 晴 "
6
7   # 使用 % 格式化输出方法
8   print(" 城市 :%s, 温度 :%d℃, 湿度 :%d%%, 天气 :%s" % (city, temperature, humidity, weather))
9
10  # 使用 format() 格式化输出方法
11  print(" 城市 :{}, 温度 :{}℃, 湿度 :{}%, 天气 :{}".format(city, temperature, humidity, weather))
12
13  # 使用 f-string 格式化输出方法
14  print(f" 城市 :{city}, 温度 :{temperature}℃, 湿度 :{humidity}%, 天气 :{weather}")
15
16  # 使用 print 函数的 sep 参数自定义不同信息之间的分隔符
17  print(city, temperature, humidity, weather, sep=" === ")
18
19  # 使用 print 函数的 end 参数来控制输出信息，例如在信息末尾添加感叹号
20  print(f" 城市 :{city}, 温度 :{temperature}℃, 湿度 :{humidity}%, 天气 :{weather}", end="!")
```

运行这段代码，得到如下输出。

城市 :深圳 , 温度 :31℃, 湿度 :62%, 天气 :晴

城市 :深圳 , 温度 :31℃, 湿度 :62%, 天气 :晴

城市 :深圳 , 温度 :31℃, 湿度 :62%, 天气 :晴

深圳 === 31 === 62 === 晴

城市 :深圳 , 温度 :31℃, 湿度 :62%, 天气 :晴 !

这段代码展示了如何使用不同的格式化输出方法（%、format() 和 f-string），以及如何使用 print 函数的 sep 和 end 参数来控制输出的格式。通过这个示例我们可以学会如何综合运用所学的知识点，实现一个简易的天气报告系统。

回顾总结

本模块深入介绍了 Python 的 print 函数。首先，介绍如何用 print 输出空行更友好地显示信息。然后，介绍 print 函数中参数 end 的使用，以及使用逗号连接不同类型数字的变量。最后，介绍了使用 %、f-string 和 format() 格式化输出，为信息的呈现提供了更多选择。

应用训练

1. 编写一段代码，收集面试者的信息，询问面试者的姓名、专业、爱好，然后在一行中显示出来。

2. 根据公式：热量 = 体重 * 距离 *1.036 计算每次跑步燃烧的卡路里，其中体重的单位是千克，距离的单位是千米。编写一段代码，输入体重、跑步距离，显示出跑步热量。

3. 编写一段代码，显示和朋友之间的对话。

模块 5

字符串

学习目标

▷ 知识目标

1. 理解字符串长度的含义。

2. 理解编程语言中的索引编号规则。

3. 理解 Python 中范围的描述规则。

4. 理解字符串查找和统计字符的方法。

5. 理解字符串大小写转换的方法。

▷ 能力目标

1. 能获取字符串的长度。

2. 能根据需求获取指定位置范围的字符串。

3. 能根据需求进行字符串的查找和统计。

4. 能根据需求灵活运用字符串的大小写转换的方法。

▷ 素养目标

1. 培养积极向上的心态和应对挫折的能力，提高心理素质。

2. 关注科技发展信息，树立科技强国理念。

模块导入

在这个模块中，我们将以留言板为主题来学习字符串的相关知识。留言板是一个在线交流平台，用户可以在留言板上发布自己的观点和感受。尽管留言板的形式不断发展，但文本仍然是其核心元素。因此，可以通过学习如何处理字符串，来更好地理解和应用留言板。

字符串是 Python 中常用的一种数据类型，在日常工作和生活中，我们经常会遇到字符串，需要对字符串进行操作。例如，统计字符串中的字符个数、提取字符串、查找和统计字符、字符串的大小写转换。通过本模块的学习我们可以掌握 Python 中有关字符串的基本操作，为学习其他知识打下基础。

思维导图

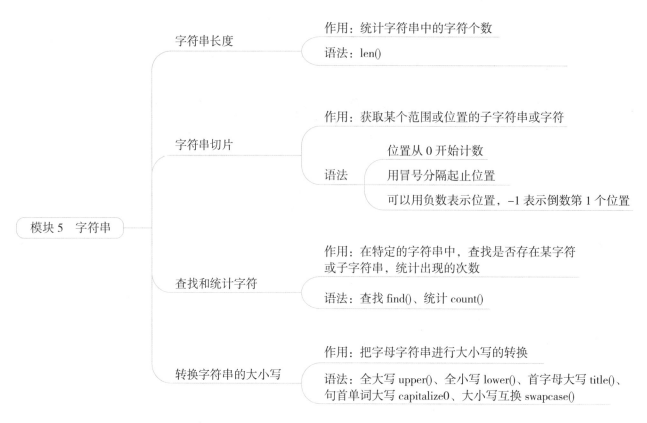

任务 5.1　统计留言字数

在这个任务中，我们将学习如何使用 Python 的字符串（String）数据类型统计留言字数。

1. 相关知识

根据前面所学，字符串可以理解为一串字符，用一对引号包围的内容就是字符串，单引号和双引号的功能是一样的，示例代码如下。

```
s = 'a'
s = "b"
```

字符串的长度

1）字符串的长度

字符串中的字符个数就是字符串的长度。在 Python 中，可以使用 len() 函数来获取字符串的长度。这个函数会返回字符串中字符的个数。

2）len() 函数应用举例

【例 5-1-1】计算纯英文字符的字符串长度

在本例中，需要使用 len() 计算变量 course 所存储的字符串的长度，然后输出结果，示例代码如下。

```
1    course = 'Python'
2    course_len = len(course)
```

```
3    print(course_len)
4    print(' 字符串的长度：', course_len)
```

运行这段代码，得到如下输出。

```
6
字符串的长度：6
```

在这个例子中，变量 course_len 的值是 6，因为字符串 course 中包含了 6 个字符。

Tips:

第 3 行代码是基本的输出，第 4 行在输出的时候加上了说明文字"字符串的长度："，从而获得对用户更友好的结果呈现。

【例 5-1-2】计算包含中文字符的字符串长度

如果字符串中有空格和中文，计算长度的时候又该怎样计算呢？对例 5-1-1 稍作修改，示例代码如下。

```
1    course = 'Python Python 代码设计 '
2    course_len = len(course)
3    print(course_len)
4    print(' 字符串的长度：', course_len)
```

第 1 行用变量 course 存储字符串"Python Python 代码设计"。第 2 行使用 len() 方法获得 course 字符串的长度，存储到变量 course_len 中。第 3 行输出 course_len 的值。第 4 行优化输出的显示。运行这段代码，得到如下输出。

```
17
字符串的长度：17
```

在本例中，在原来 6 个英文字符（Python）的基础上，增加了相同的 6 个英文字符和 4 个汉字，合计数是 6+6+4=16，结果是 17，说明每一个单独的空格和汉字都是 1 个字符长度。

【例 5-1-3】计算包含空格的字符串长度

在 PyCharm 中运行 py 文件后，在最后一行显示了一串字符"Process finished with exit code 0"，算出其中的字符数，示例代码如下。

```
1    message = 'Process finished with exit code 0'
2    message_len = len(message)
3    print(' 字符串的长度：', message_len)
```

请先人工计数这行提示语句中包含多少个字符，然后运行这段代码，得到如下输出。

```
字符串的长度：33
```

2. 任务实现

在这个任务中，我们需要统计用户输入的留言字数。首先接收用户输入的留言，然后使用 len() 函数计算留言中的字符个数。最后，打印出留言字数的结果。示例代码如下：

```
1   # 存储用户名
2   user = 'xiaoMing'
3
4   # 接收用户输入的留言
5   message = input(" 请输入您的留言： ")
6
7   # 计算留言中的字符个数
8   message_length = len(message)
9
10  # 打印留言字数
11  print(f' 您是 {user}，您的留言包含了 {message_length} 个字符 ')
```

运行这段代码，得到如下输出。

请输入您的留言：今天又是努力学习的一天
您是 xiaoMing，您的留言包含了 11 个字符

这个简单的留言字数统计示例展示了如何使用字符串来存储和处理文本数据。通过完成这个任务，我们可以掌握如何计算字符串长度，即统计字符串中有多少个字符。

任务 5.2 提取固定字符位置的留言信息

在这个任务中，我们将学习如何从一条留言中提取关键信息，例如留言者的名字、留言内容和留言时间。

1. 相关知识

在任务 5.1 中，通过 len() 函数获取了字符串"Python"的长度。在字符串中，每个字符都有一个对应的位置编号，这个编号被称为索引。索引编号可以按照从左往右的顺序排列，也可以按照从右往左的顺序进行排列。

字符串切片

1）索引编号规则

在 Python 中，字符串的索引从 0 开始。按照这个规则，字符串"Python"由 6 个字符组成，编号 0 对应的是字符"P"，编号 3 对应的是字符"h"。

在索引规则中，也有逆向的排序，倒数第一个用 -1 表示。

字符串"Python"的字符索引示例如表 5-2-1 所示。

表 5-2-1　字符串"Python"的字符索引示例

字母	P	y	t	h	o	n
正向	0	1	2	3	4	5
逆向	-6	-5	-4	-3	-2	-1

2）单个元素的定位

为了提取字符串中特定位置的元素，需要了解如何定位字符串中的元素。

【例 5-2-1】定位字符串中的元素

定位字符串变量中索引为 0 和 3 的元素，示例代码如下。

```
1    course = 'Python'
2    print(course[0])
3    print(course[3])
```

第 2 行"course[0]"表示 course 变量中索引为 0 的元素"P"，第 3 行"course[3]"表示 course 变量中索引为 3 的元素"h"，分别通过 print() 语句输出结果，如下所示。

```
P
h
```

3）指定范围元素的定位

除了通过索引找到特定位置的元素外，还可以通过索引找到指定位置范围的元素。

【例 5-2-2】定位字符串中某个范围的元素

在【例 5-2-1】的基础上增加表示范围的代码，示例代码如下。

```
1    course = 'Python'
2    print(course[0])
3    print(course[3])
4
5    print(course[0:3])
```

新增第 5 行代码中的"course[0:3]"表示找到索引为 0 的字符"P"和索引为 3 的字符"h"之间的子字符串（不包含索引为 3 的字符"h"），即在冒号前后加上开始和截止的索引来获取字符串的一部分，这种操作称为切片（slicing）。

运行这段代码，得到如下输出。

```
P
h
Pyt
```

【例 5-2-3】定位字符串中某个范围的元素的省略写法

在【例 5-2-2】的基础上增加以下代码省略索引，即不写冒号前后的数字，这将返回整个字符串。

```
1    course = 'Python'
2    print(course[0])
3    print(course[3])
4
5    print(course[0:3])
```

```
6
7    print(course[:])
8    print(course)
```

如果冒号前后不写数字，那么和直接写变量名的效果一样，表示的是获取整个字符串。运行这段代码，得到如下输出。

```
P
h
Pyt
Python
Python
```

Python 中的索引切片遵循"左闭右开"原则，"course[x:y]"截取的字符包含索引"x"对应的元素，但不包含索引"y"对应的元素。

【例 5-2-4】定位含中文的字符串中的元素

如果字符串中包含中文，定位方法类似，示例代码如下。

```
course = '高级语言代码设计'
print(len(course))
print(course[1])
print(course[-1])
print(course[0:2])
```

运行这段代码，得到如下输出。

```
8
级
计
高级
```

2. 任务实现

在这个任务中，我们需要处理一条留言信息，其中包含日期和时间信息。从这条信息中提取出年份、月份和日期，并输出提取后的信息，示例代码如下。

```
1    message = " 李思 - 2023-05-04 10:30: 大家好，我是李思，很高兴认识大家！ "
2
3    # 提取留言中的年份
4    year = message[4:8]
```

```
5
6    #提取留言中的月份
7    month = message[9:11]
8
9    #提取留言中的日期
10   day = message[12:14]
11
12   print(f' 留言的日期是：{year} 年 {month} 月 {day} 日')
```

运行这段代码，得到如下输出。

留言的日期是：2023 年 05 月 04 日

完成这个任务后，我们能理解如何使用字符串操作提取关键信息。

任务 5.3　提取留言关键信息

任务 5.2 中日期信息在固定的位置，这种情况不多见。在这个任务中，我们将学习如何从一条留言的非固定位置提取关键信息，如提取留言者的名字、留言内容和留言时间。

1. 相关知识

在这个任务中我们将学习如何使用 split() 方法根据指定的分隔符，将字符串分割为多个子字符串。

split() 是 Python 字符串操作中的一个方法（函数），根据指定的分隔符将字符串分割为多个部分，然后将这些部分存储到一个列表中。

1）使用 split() 方法分割字符串

使用 split() 方法可以指定一个分隔符作为参数，该方法将根据这个分隔符将字符串拆分成多个子字符串。拆分后的子字符串将按照顺序存储在一个列表中，即列表中的每个元素都是一个拆分后的子字符串。

【例 5-3-1】拆分日期字符串

在这个例子中，使用 split() 方法，将包含年、月、日的日期字符串分割成独立的部分，示例代码如下。

```
1    text = "2023-05-04"
2    date = text.split("-")
3    print(date)
```

这段代码使用符号"-"分割字符串，从而把年、月、日分割出来。运行这段代码，得到如下输出。

['2023', '05', '04']

输出结果显示，分割后的子字符串存储到一对中括号里面，每个子字符串被逗号分隔。

2）指定最大分割次数

还可以使用 split() 方法的第二个参数，来指定最大分割次数，从而令字符串只在前若干个分隔符处被拆分。

【例 5-3-2】使用最大分割次数

在这个例子中,将使用最大分割次数来限制拆分的数量,指定分割次数后,只有前两个分号会被用来拆分字符串,示例代码如下。

```
1    text2 = " 荔枝；龙眼；菠萝；椰子 "
2    fruits = text2.split("；", 2)
3    print(fruits)
```

运行这段代码,得到如下输出。

[' 荔枝 ',' 龙眼 ',' 菠萝；椰子 ']

在这个例子中,指定了分号作为分隔符,并限制最大分割次数为 2。因此,只有前两个分号被用作分隔符,剩下的部分保持不变。

在这里的 ['2023','05','04']、[' 荔枝 ',' 龙眼 ',' 菠萝；椰子 '],是一种称为列表的数据类型,在后面的模块中会对其进行详细学习。现在,仅需要了解这是一种用于存储多个元素的数据结构即可。

2. 任务实现

在这个任务中,需要从一条留言中提取关键信息。示例代码如下。

```
1    message = "xiaoMing - 2023-05-04: 大家好！ "
2
3    # 使用 split() 函数将留言分割成名字和剩余部分
4    name, rest = message.split(' - ')
5
6    # 使用 split() 函数将剩余部分分割成时间和内容
7    date, content = rest.split(' : ')
8
9    # 打印提取的信息
10   print(f" 登录名 : {name}, 留言日期 : {date}, 留言内容 : {content}")
```

运行这段代码,得到如下输出。

登录名 : xiaoMing, 留言日期 : 2023-05-04, 留言内容 : 大家好!

任务 5.4 查找和统计指定留言词

字符串查找替换统计

在这个任务中,我们将学习如何在留言中查找和统计指定留言词。

1. 相关知识

在本任务中,我们将学习如何确定字符串中指定字符出现的次数,是否包含特定字符,以及如何替换指定字符。Python 提供了几个有用的方法来执行这些任务,包括 count()、 find()、replace()。

1）count() 方法的使用

【例 5-4-1】统计字符出现的次数

在这个例子中，有一个字符串"Python Program design and practice"，需要统计其中有多少个字符"P"。下面用 Python 解决这个问题，示例代码如下。

```
1    course = "Python Program design and practice"
2    temp = course.count("P")
3    print(temp)
```

count 的中文意思是"计数"，第 2 行中的 course.count("P") 就是在 course 所存储的字符串中统计"P"出现的次数。运行这段代码，得到如下输出。

```
2
```

2）find() 方法的使用

【例 5-4-2】查找字符位置

在这个例子中，使用 find() 方法查找字符串中字符"y"的位置，示例代码如下。

```
1    course = "Python Program design and practice"
2    position_y = course.find('y')
3    print(position_y)
```

course.find('y') 表示在 course 所代表的字符串中找到第一个字符"y"的位置，因为位置编号从 0 开始，所以结果为 1。运行这段代码，将得到如下输出。

```
1
```

3）replace() 方法的使用

【例 5-4-3】使用 replace() 方法替换字符

在这个例子中，使用 replace() 方法把字符串中的字符"P"替换为"J"，示例代码如下。

```
1    course = "Python Program design and practice"
2    replaced_course = course.replace("P", "J")
3    print(replaced_course)
```

course.replace("P", "J") 表示在 course 所代表的字符串中查找所有的字符"P"，然后替换为字符"J"。运行这段代码，得到如下输出。

```
Jython Jrogram design and practice
```

4）关于字符计数和替换的提示

本任务中，变量 course 存储的字符串中字符"P"的个数是 2，并不统计"practice"中的"p"（因为这里是小写的"p"）。同理，字符替换的时候，也不对小写的字符"p"进行操作。

Tips:

在本任务的 course 变量中，存储的是一个仅包含 34 个字符的字符串。但如果字符串更大，甚至包含数百个字符，使用 Python 可以快速完成字符串处理。

2. 任务实现

在这个任务中，我们需要在留言中查找和统计指定词。假设有以下一条留言。

```
message = " 今天过得真糟糕，天气也很糟糕。"
```

现在需要检查留言中是否包含负面情绪词，例如"糟糕"，并统计负面情绪词出现的次数。为了完成这个任务，可以编写以下一段代码。

```
1   message = " 今天过得真糟糕，天气也很糟糕。"
2   specific_word = " 糟糕 "
3   replace_word = " 不尽如人意，明天会好起来的 "
4
5   print(message.count(specific_word))
6   print(message.find(specific_word))
7   print(message.replace(specific_word, replace_word))
```

第 1 列到第 3 行分别使用变量存储留言、待查找的词、替换的词，第 5 行输出特定词的出现次数，第 6 行输出特定词第 1 次出现的位置，第 7 行替换特定词。

运行这段代码，得到如下输出。

```
2
5
今天过得真不尽如人意，明天会好起来的，天气也很不尽如人意，明天会好起来的。
```

【拓展实践】　姓氏排名

情景：2020 年我国开展了第七次全国人口普查，2021 年 5 月 11 日，第七次全国人口普查结果公布。小明想了解 2020 年人口普查结果的百家姓排名中，自己的姓氏排第几？

经过前面的学习，小明已经具备了解决这个问题的能力。设计的任务实现思路：根据新百家姓的排列顺序，输入姓氏，能显示出该姓氏在新百家姓中排第几名，示例代码如下。（第一行代码只列出前 10 名做测试使用，实际操作时用完整的姓氏代替即可）

姓氏排名

```
1   surnames = ' 王李张刘陈杨黄赵吴周 '
2   surname = input(' 同学，姓什么？ ')
3   index = surnames.find(surname) + 1
4   print(index)
5   print(' 你的姓氏排名是第 ', index, ' 位 ')
```

第 2 行通过 input() 输入要查询的姓氏，存储到变量 index 中；由于 find() 方法得到的位置编号从 0 开始，为了和日常表达方式匹配，需要对结果加 1；第 5 行代码可以让结果以友好的方式显示出来。运行这段代码，得到如下输出。

```
同学，姓什么？陈
5
你的姓氏排名是第 5 位
```

2020 年人口普查百家姓的完整姓氏顺序在素材文件夹的"百家姓 2020.txt"中。

【拓展实践】 多行文本中统计指定词

情景：小明在查找描写岭南地区风貌的诗词的时候，找到了苏轼的《十月二日初到惠州》①，他想使用 Python 统计其中"岭南"出现的次数，请完成代码设计。

统计"岭南"出现次数的示例代码如下。

```
1    poet = '''
2    十月二日初到惠州
3    [ 宋 ] 苏轼
4    仿佛曾游岂梦中，欣然鸡犬识新丰。
5    吏民惊怪坐何事，父老相携迎此翁。
6    苏武岂知还漠北，管宁自欲老辽东。
7    岭南万户皆春色，岭南万户酒。
8    会有幽人客寓公。
9    '''
10   word = input(' 想统计的词：')
11   print(poet.count(word))
```

苏轼诗词

第 1 行到第 9 行使用三个引号把多行的诗句存储到变量 poet 中，第 10 行将输入的要统计的词存储到变量 word 中，第 11 行统计 word 在 poet 中出现的次数，即想要统计的词在诗中出现的次数。运行代码，结果如下所示。

```
想统计的词：岭南
2
```

本任务中，采用三引号（'''）来存储多行的字符串，在三引号范围内字符可以随意换行。

---

① 本程序中为更明显地展示统计效果，对原诗做了调整。

任务 5.5　转换留言中的英文单词大小写

在中文内容为主的留言板主题中，可以考虑将其中的英文单词进行大小写转换。例如，可以将留言中的英文单词全部转换为大写或小写。

字符串大小写转换

1. 相关知识

在这个任务中，我们将学习如何使用 Python 的字符串方法将留言中的英文单词转换为大写或小写。

1）字符串大小写转换

Python 提供了许多方法用于处理大小写转换，字符串大小写转换的相关方法见表 5-5-1。

表 5-5-1　字符串大小写转换方法

作用	语法
字符串全部大写	course.upper()
字符串全部小写	course.lower()
每个单词首字母大写	course.title()
只有句首单词字母大写	course.capitalize()
大小写互换	course.swapcase()

2）字符串大小写转换的应用举例

【例 5-5-1】将变量 course 存储的字符串进行大小写转换

在这个例子中，使用不同的字符串大小写转换方法，得到不同的转换结果，示例代码如下。

```
1    course = 'Python Program design and practice'
2    print(course.upper())
3    print(course.lower())
4    print(course.title())
5    print(course.capitalize())
6    print(course.swapcase())
```

第 2 行中的 course.upper() 将整个 course 字符串中的字符都转换为大写。第 3 行中的 course.lower() 将整个 course 字符串中的字符全部转换为小写。第 4 行中的 course.title() 将 course 字符串中用空格分隔的每个单词的第一个字符转换为大写。第 5 行中的 course.capitalize() 只将 course 字符串的第 1 个字符转换为大写。第 6 行中的 course.swapcase() 将整个 course 字符串中的字符的大小写互换。

运行这段代码，得到如下输出。

PYTHON PROGRAM DESIGN AND PRACTICE

python program design and practice

Python Program Design And Practice

Python program design and practice

pYTHON pROGRAM DESIGN AND PRACTICE

【例 5-5-2】把输入的字符转换为大写输出

在这个例子中，需要把用户输入的字符输出为大写，示例代码如下。

```
1    choice = input(' 要继续吗（yes or no)？ ')
2    print(choice.upper())
```

运行这段代码，得到如下输出。

```
要继续吗（yes or no)？ Yes
YES
要继续吗（yes or no)？ no
NO
```

询问用户是否要继续，给出的选择可能就是"yes"或"no"，这种情景下是不需要规定用户输入的是大写、小写还是大小写混写，因为代码里面可以很容易实现，无论用户是输入大写还是小写，可以转换为全部大写或者全部小写，从而很方便地继续后面的操作。

2. 任务实现

在这个任务中，我们将处理以下留言。

message = "xiaoMing - 2023-05-04: 大家好！ "

现需要将留言中的英文单词（用户名）转换为大写，示例代码如下。

```
1    message = "xiaoMing - 2023-05-04: 大家好！ "
2    upper_case_message = message.upper()
3    print(" 转换后的留言：", upper_case_message)
```

第 2 行代码中 message.upper() 方法将留言中的英文字符转换为大写。第 3 行代码打印转换后的留言。运行这段代码，得到如下输出。

转换后的留言：XIAOMING - 2023-05-04: 大家好！

完成这个任务后，我们可以学会如何在中英文内容中使用 Python 的字符串方法实现英文单词的大小写转换。

知识延伸

在实际应用中，将中文留言板主题中的英文单词大小写转换可能没有直接的实际意义，但它可以作为一个练习，帮助掌握字符串处理方法。并且，大小写转换在某些场景下很重要，举例如下。

（1）在文本分析，如词频统计或词频搜索中，将文本中的英文单词统一为大写或小写有助于消除大小写带来的差异，从而简化后续的文本处理任务。

（2）在用户输入数据时，为了确保数据的一致性，可能需要将用户输入的英文字符统一转换为大写或小写。例如，在普通使用者的角度，y 和 Y 是一样的，在前面的任务中，已经知道代码是会区分大小写的。为了方便用户输入，常常需要把输入的字符做类似的大小写转换。

（3）在展示数据时，可能希望将某些信息（如标题、人名等）以大写形式呈现，以便更显眼或符合某种约定。

【拓展实践】城市拼音的拼写方式转换

情景：小明用关键字"国内城市拼音"上网搜索，搜出来的拼音有的是全小写，有的是全大写，如图5-5-1。

图 5-5-1 国内城市拼音搜索结果

小明想编写一个 Python 代码，实现这样的功能：如果输入城市的拼音，能输出首字母大写，其余小写的效果。实现该功能的示例代码如下。

```
1   city = input(' 请输入城市的拼音：')
2   print(city.capitalize())
```

运行这段代码，得到如下输出。

请输入城市的拼音：BEIJING

Beijing

任务 5.6　综合实践——获取身份证信息

在本任务中，我们需要通过获取身份证中隐含的不同信息，理解字符串的索引和切片，即理解如何在某个字符串中提取单个字符和提取指定范围的子字符串。

1.相关知识

要完成本任务需要综合应用本模块前面学到的知识。首先，根据任务 5.1，懂得如何统计字符串的字符数。然后，结合任务 5.2 和 5.3，懂得使用字符串切片提取出生年月日、性别信息。结合任务 5.4 的操作，可以统计输入的身份证号码中某个特定数字出现的次数。最后，参考任务 5.5 中使用的技巧，将提取出的信息按照一定的格式输出。这些基本知识将在本任务中得到综合应用。

除此之外，还需要了解身份证的组成规则，以及如何在 Python 中根据需要设置字符串切片。

身份证由 18 个数字或字母组成，简要组成规则如表 5-6-1 所示。

表 5-6-1　身份证号码组成规则

序号	含义
1-2	省级政府代码
3-4	地、市级政府代码
5-6	县、区级政府的代码
7-10	出生年份
11-12	出生月份
13-14	出生日
17	性别（奇数是男性，偶数是女性）
18	校验码，由计算机随机产生的

例如，为了提取出生日期，需要获得身份证中的第 7 位至 14 位数字，由于 Python 是从 0 开始编号，对应获取的是第 6 位至第 13 位的子字符串。真实身份证号码的出生日期位置编号和在 Python 中的编号对比见表 5-6-2。

表 5-6-2　身份证出生日期位置编号与索引编号对照

编号含义	号码的真实位置	Python 中的索引编号
年份	第 7-10 位	第 6-9 位
月份	第 11-12 位	第 10-11 位
日期	第 13-14 位	第 12-13 位

2. 任务实现

在这个任务中，我们需要从身份证号码的字符串中提取不同的信息，示例代码如下。

```
1   # 设置当前的年份
2   current_year = 2023
3
4   id_number = input(' 请输入身份证号码：')
5
6   # 计算身份证号码的字符数
7   id_count = len(id_number)
8
9   # 使用字符串切片提取出生年月日
10  birth_year = int(id_number[6:10])
11  birth_month = int(id_number[10:12])
12  birth_day = int(id_number[12:14])
13
14  # 使用字符串切片提取性别信息
```

```
15   gender_digit = int(id_number[16])
16   if gender_digit % 2 == 0:
17       gender = ' 女 '
18   else:
19       gender = ' 男 '
20
21   # 计算年龄
22   age = current_year - birth_year
23
24   # 将提取出的信息按照一定的格式输出
25   print(f' 输入的身份证号码长度 :{id_count}')
26   print(f' 性别：{gender}')
27   print(f' 出生日期：{birth_year} 年 {birth_month} 月 {birth_day} 日 ')
28   print(f' 年龄：{age}')
```

在这段代码中，首先设定了当前所在的年份，为之后的年龄计算做准备，然后让用户输入身份证号码。使用字符串切片获得出生年月日和性别代码。第 13-16 行代码是根据性别代码获得对应的中文表示的性别类型。然后，使用设定的当前年份和提取的出生年份相减，获得年龄。最后，输出相关的信息。

运行这段代码，得到如下输出。

```
请输入身份证号码：620702200105241795
输入的身份证号码长度 :18
性别：男
出生日期：2001 年 5 月 24 日
年龄：22
```

请大家回忆，平时有没有遇到类似这种提取出生年月日之类的应用场合呢？

有时候登录一些 App，当输入身份证号码后，会自动显示出生日期、年龄，用户不需要重新输入，如图 5-6-1 所示，这也是采用了同样的思路去实现的。

证件类型*	居民身份证
证件号码*	请输入
性别*	请选择
出生日期*	请选择
国家/地区*	中国
年龄	请输入 岁

图 5-6-1 身份证号码提取信息案例

知识延伸

对字符串进行切片、分割等操作对于处理和解析文本数据非常有意义。类似的操作在实际中也非常常见，例如从网页中提取标题、作者、发布日期等元数据，用于构建搜索引擎或内容推荐系统；从日志文件中提取特定信息，用于监控、分析或调试；从 CSV、JSON 等格式的数据文件中提取特定字段，用于数据挖掘、统计分析等。

【拓展实践】　提取新闻信息

情景：假设在一个新闻网站上看到了有趣的文章，想通过 Python 代码来提取这篇文章的标题、作者和发布日期。并且将文章的信息以如下特定的格式呈现。

标题：今天 AI 又发生了什么 - 作者：张伞 - 发布日期：2023-07-01

本任务可以运用任务 5.3 的知识，使用 split() 方法提取字符串，示例代码如下。

```
1    article_info = " 标题：AI 领域的最新进展 - 作者：张伞 - 发布日期：2023-07-01"
2
3    # 使用 split() 函数将文章信息分割成若干部分
4    parts = article_info.split(' - ')
5
6    # 提取标题、作者和发布日期
7    title = parts[0][3:]
8    author = parts[1][3:]
9    date = parts[2][5:]
10
11   # 输出提取的信息
12   print(f" 标题：{title}")
13   print(f" 作者：{author}")
14   print(f" 发布日期：{date}")
```

第 4 行使用 split() 函数将文章信息分割成若干部分，然后再提取标题、作者和发布日期。第 7 行 parts[0][3:] 是一个字符串切片操作，其中 parts[0] 是"标题：AI 领域的最新进展"，parts[0][3:] 表示从字符串 parts[0] 的索引 3 开始，一直到字符串的末尾。由于"标题："占用了前三个字符，所以索引 3 就是"AI 领域的最新进展"的第一个字符"A"。最终，parts[0][3:] 将返回"AI 领域的最新进展"，这就是想提取的标题。

运行这段代码，得到如下输出。

标题：AI 领域的最新进展
作者：张伞
发布日期：2023-07-01

回顾总结

本模块内容是 Python 中的字符串处理知识。首先，介绍字符串长度的概念以及如何计算字符串的长度。然后，介绍字符串的位置索引编号是从 0 开始的，如何查找字符串中的特定字符或子字符串，以及如何列出字符串中指定位置或范围的字符或子字符串。接着，介绍了如何统计字符串中某字符或子字符串出现的次数。最后介绍了字符串中英文单词的大小写转换。

应用训练

1. 情景：有一天，小明对比了自己和同班同学、同专业其他班同学、其他专业同学的学号，发现学号中隐藏了年级、专业、班、班内的学号的信息。请编写一段代码，要求输入完整学号，显示对应的年级和2位学号。

2. 找出两首与广东相关的古诗词，然后统计其中某个词出现的次数，并找出对诗词的解释。

3. 情景：艺术专业的同学在做很多个国内外城市的宣传插画，其中需要把城市的名字转为全部大写。小明编写了一个代码，只需要输入城市由字母组成的名字（字母的大小写不限），就可以使对应的城市名全部大写显示。

模块 6

列表

学习目标

▷ **知识目标**

　　1. 理解列表的概念和基本特征。

　　2. 理解列表的创建、访问、添加、删除、修改等基本操作。

　　3. 理解列表的常见函数和方法，如 len()、append()、sort() 等，理解运用它们解决实际的问题的思路。

▷ **能力目标**

　　1. 能够创建和初始化列表，使用索引和切片访问和修改列表元素。

　　2. 能够执行列表的常见操作，如添加元素、删除元素等。

　　3. 能够使用内置函数和方法操作列表，如 len()、append()、insert()、remove()、sort() 等。

▷ **素养目标**

　　1. 养成勇于实践、主动学习、自省慎独的终身学习习惯。

　　2. 培养发现问题、解析问题和处理问题的能力。

　　3. 增强文化认同，培养以发展的眼光看问题的思维习惯。

模块导入

　　列表是 Python 中常用的数据类型之一，当遇到需要存储一系列的元素的时候，可以使用列表存储。通过对列表的一系列的操作，如添加元素、删除元素、查找元素等，能够灵活快捷地处理数据。

　　我国历史悠久，文化灿烂，诗词作为一种古典的艺术形式，承载了丰富的文化信息和历史记忆。在这个模块中，我们将以对古代诗人的研究为背景，设计一系列任务，与诗人相关的包括建立名单、查询信息、添加、删除、排序等。在完成这些任务的过程中，将学会如何应用列表来解决实际问题，提高编程技能。

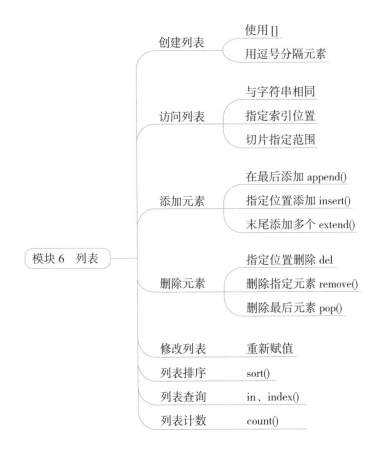

任务 6.1　创建诗人列表

在这个任务中，我们将学习如何使用 Python 的列表创建一个简单的古代诗人列表。

1.相关知识

在本任务中，我们将学习有关 Python 中列表（List）的基本知识。列表是常用的 Python 数据类型之一，是一种有序且可更改的数据结构。列表可以理解为将一系列数据集中在一起，其中可以包含各种类型的元素。

什么是列表

1）创建列表

任务 5.3 中，['2023'，'05'，'04'] 和 [' 荔枝 '，' 龙眼 '，' 菠萝 '，' 椰子 '] 就是两个列表。要创建列表，可以先将一系列的值用逗号分隔，然后用方括号括起来。在列表中的单个元素称为项，方括号表示列表的开始和结束，列表用逗号分隔列表中的各项。

【例 6-1-1】创建列表

在这个例子中，创建了包含不同数据类型的列表，示例代码如下。

```
1    # 专题作业小组成员
2    members = [' 张伞 ',' 李思 ',' 王武 ']
3
4    # 写出几个数字
5    num_list1 = [11, 22, 33]
```

```
6
7    #建立一个空列表
8    students = []
```

该例中分别创建了不同类型的列表，包括字符串列表、数字列表和空列表。

2）访问列表中的元素

要访问列表中的元素，可以通过索引（Index）访问。列表的索引也是从 0 开始的，通过索引可以找到列表中的特定元素。例如，num_list1[0:3] 表示找出 num_list1 中第 0 项到第 2 项（注意：不包含第 3 项）；num_list1[:] 表示找出 num_list1 中的所有项。

列表的访问

【例 6-1-2】访问列表中的元素的示例

在这个例子中，采用了不同的方法访问列表中的元素，示例代码如下。

```
1    num_list1 = [11, 22, 33, 44, 55]
2    # 输出 num_list1 中的所有元素
3    print(num_list1) # 输出 [11, 22, 33, 44, 55]
4    print(num_list1[:]) # 输出 [11, 22, 33, 44, 55]
5    print()
6
7    # 输出第 1 个和最后 1 个元素
8    print(num_list1[0]) # 输出 11
9    print(num_list1[-1]) # 输出 55
10   print()
11
12   # 输出指定范围的元素
13   print(num_list1[0:3]) # 输出 [11, 22, 33]
14   print(num_list1[2:]) # 输出 [33, 44, 55]
15   print(num_list1[:2]) # 输出 [11, 22]
```

该例演示了如何使用索引访问列表中的元素，包括输出所有元素、输出第一个和最后一个元素以及输出指定范围的元素。

2. 任务实现

在这个任务中，我们需要建立一个古代诗人名单，通过索引找到对应的姓名，示例代码如下。

```
1    poets = [' 李白 ',' 杜甫 ',' 白居易 ',' 苏轼 ',' 李清照 ']
2    print(f' 唐代诗人：{poets[0:3]}')
3    print(f' 全部诗人：{poets}')
4    print(f' 婉约派词人：{poets[-1]}')
```

运行这段代码，得到如下输出。

唐代诗人：['李白','杜甫','白居易']

全部诗人：['李白','杜甫','白居易','苏轼','李清照']

婉约派词人：['李清照']

这个任务展示了如何创建列表，然后结合列表的索引和 print 的 f-string 格式展示列表中的元素。通过完成这个任务，我们能理解列表的基本概念、创建和访问列表的方法。

知识延伸

1) index() 方法

如果需要获取指定的元素在列表中的位置，可以使用 index() 方法。例如，通过 index() 方法得到李白在列表中的位置（索引），注意这个位置是从 0 开始计算的，示例代码如下。

```
1    poets = ['李白','杜甫','白居易','苏轼','李清照']
2    position = poets.index('李白')
3    print(f'李白在列表中的位置：{position}')
```

运行这段代码，得到如下输出。

李白在列表中的位置：0

2) 函数 len()

与获取字符串长度的方法类似，可以使用内置函数 len() 来获取列表的长度，即列表中有多少个元素，示例代码如下。

```
1    poets = ['李白','杜甫','白居易','苏轼','李清照']
2    print(f'列表中共有 {len(poets)} 位诗人')
```

运行这段代码，得到如下输出。

列表中共有 5 位诗人

任务 6.2　加入新的诗人

列表的添加

在这个任务中，我们将学习如何在 Python 列表中添加新的元素。

1. 相关知识

Python 中的列表是一种动态的数据结构，可以随时添加和删除元素。在本任务中，我们将学习如何使用以下方法来操作列表。

1) **在列表末尾添加元素**

使用 append() 方法，可以将新的元素添加到列表的末尾。

【例 6-2-1】添加元素到列表末尾

在这个例子中，在一个列表末尾添加元素，示例代码如下。

```
1    num_list1 = [11, 22, 33]
2    num_list1.append(66666)
3    print(num_list1)
```

在这个例子中，使用 append() 方法在原列表 num_list1 的末尾添加了新的元素 66666。运行这段代码，将得到如下输出。

```
[11, 22, 33, 66666]
```

2）在列表指定位置添加元素

使用 insert() 方法，可以在列表的某个位置添加新的元素。

【例 6-2-2】添加元素到列表某个位置

在这个例子中，在列表索引为 0 的位置添加元素，示例代码如下。

```
1    num_list1 = [11, 22, 33]
2    num_list1.insert(0, 99)
3    print(num_list1)
```

运行这段代码，得到如下输出。

```
[99, 11, 22, 33]
```

3）在列表末尾添加多个元素

使用 extend() 方法，可以在列表末尾添加多个元素。

【例 6-2-3】添加多个元素到列表末尾

在这个例子中，在列表末尾添加多个元素，示例代码如下。

输入多个数据

```
num_list1 = [11, 22, 33]
num_list1.extend([44, 55, 66])
print(num_list1)
```

运行这段代码，得到如下输出。

```
[11, 22, 33, 44, 55, 66]
```

2. 任务实现

在这个任务中，首先建立一个古代诗人名单，然后使用不同的方法，将新的诗人加入这个列表中，示例代码如下。

```
1    poets = ['李白', '杜甫', '白居易', '苏轼', '李清照']
2
3    # 在列表末尾加入新的诗人
4    poets.append('陆游')
5    print(poets)
6
```

```
7    #在列表的索引为0的位置插入诗人韩愈
8    poets.insert(0,'韩愈')
9    print(poets)
10
11   #在列表的末尾加入宋代的3位诗人
12   poets.extend(['杨万里','朱熹','辛弃疾'])
13   print(poets)
```

运行这段代码，得到如下输出。

```
['李白','杜甫','白居易','苏轼','李清照','陆游']
['韩愈','李白','杜甫','白居易','苏轼','李清照','陆游']
['韩愈','李白','杜甫','白居易','苏轼','李清照','陆游','杨万里','朱熹','辛弃疾']
```

这个任务展示了在原有列表的基础上，使用不同的方法添加列表元素。通过完成这个任务，我们能理解列表元素的添加方法。

知识延伸

添加列表元素的方法有多种方式。例如，当需要把输入的数据存储到一个列表中的时候，可以使用以下的代码。尝试对第8行代码添加注释，观察添加注释前后运行结果的区别，从而理解第8行代码的作用。示例代码如下。

```
1    num_list = []
2    input_num = ''
3
4    while input_num.upper() != 'E':
5        input_num = input('请输入数据，E表示结束输入：')
6        num_list.append(input_num)
7
8    num_list.pop()
9    print(num_list)
```

运行这段代码，得到其中一种输出如下。

```
请输入数据，E表示结束输入：11
请输入数据，E表示结束输入：bb
请输入数据，E表示结束输入：22
请输入数据，E表示结束输入：e
['11', 'bb', '22']
```

任务 6.3 删除诗人

在这个任务中，我们将学习如何在 Python 列表中删除元素。

1. 相关知识

在 Python 中，列表是一个有序的集合，是一种可变的数据结构，可以随时添加和删除其中的元素。在本任务中，我们将学习如何使用以下方法删除列表中的元素。

列表的删除

1) 删除指定位置的元素

使用 del 语句可以删除列表中指定位置的元素。

【例 6-3-1】删除列表中指定位置的元素

在这个例子中，删除列表指定位置的元素，示例代码如下。

```
1    num_list1 = [11, 22, 33, 44]
2    print(' 原来的列表：', num_list1)
3    del num_list1[2]
4    print(' 现在的列表：', num_list1)
5    print("")
```

在这个例子中，使用 del 语句删除 num_list1 中位置索引为 2 的元素。运行这段代码，得到如下输出。

```
原来的列表： [11, 22, 33, 44]
现在的列表： [11, 22, 44]
```

2) 删除指定值的元素

使用 remove() 方法可以删除列表中指定值的元素。

【例 6-3-2】删除列表中指定值的元素

在这个例子中，删除列表中指定值的元素，示例代码如下。

```
1    num_list1 = [11, 22, 33, 44]
2    print(' 原来的列表：', num_list1)
3    num_list1.remove(22)
4    print(' 现在的列表：', num_list1)
5    print("")
```

在这个例子中，使用 remove() 方法，删除 num_list1 中值为 22 的元素。运行这段代码，得到如下输出：

```
原来的列表： [11, 22, 33, 44]
现在的列表： [11, 33, 44]
```

3) 删除列表中的最后一个元素

使用 pop() 方法可以删除列表中的最后一个元素。

【例 6-3-3】删除列表最后一个元素

在这个例子中，删除列表最后一个元素，示例代码如下。

```
1    num_list1 = [11, 22, 33, 44]
2    print(' 原来的列表：', num_list1)
3    num_list1.pop()
4    print(' 现在的列表：', num_list1)
```

在这个例子中，使用 pop() 方法删除 num_list1 中最后一个元素。运行这段代码，得到如下输出。

```
原来的列表：[11, 22, 33, 44]
现在的列表：[11, 22, 33]
```

2. 任务实现

在这个任务中，首先创建一个包含诗人姓名的列表。然后，使用 del 语句、remove() 方法、pop() 方法删除诗人，并打印出删除元素后的列表，示例代码如下。

```
1    poets = [' 李白 ',' 杜甫 ',' 白居易 ',' 苏轼 ',' 李清照 ']
2    print(f' 所有的诗人：{poets}')
3
4    # 删除位置索引为 2 的诗人，然后打印出删除元素后的列表
5    del poets[2]
6    print(f' 删除位置索引为 2 的诗人后的列表：{poets}')
7
8    # 删除指定的诗人
9    del_poet = input(' 输入想删除的诗人姓名：')
10   poets.remove(del_poet)
11
12   # 删除列表中的最后一个诗人，然后打印出删除元素后的列表
13   poets.pop()
14   print(f' 删除最后一位诗人后的列表：{poets}')
```

运行这段代码，得到如下输出：

```
所有的诗人：[' 李白 ',' 杜甫 ',' 白居易 ',' 苏轼 ',' 李清照 ']
删除位置索引为 2 的诗人后的列表：[' 李白 ',' 杜甫 ',' 苏轼 ',' 李清照 ']
输入想删除的诗人姓名：苏轼
删除最后一位诗人后的列表：[' 李白 ',' 杜甫 ']
```

这个任务展示了在原有列表的基础上使用不同的方法删除列表元素。通过完成这个任务，我们能理解列表元素的删除方法。

任务 6.4　修改诗人姓名

在这个任务中，我们将学习如何在 Python 中对列表进行修改。

1. 相关知识

可以使用索引找到列表中某个位置的元素，然后重新赋值就可以达到修改的列表元素的目的。

【例 6-4-1】修改列表中的元素

在一个列表中修改指定位置的元素，示例代码如下。

```
1    num_list1 = [11, 22, 33, 44, 55, 66]
2    print(' 原来的列表：', num_list1)
3
4    # 将索引为 1 的元素修改为 111
5    num_list1[1] = 111
6
7    print(' 现在的列表：', num_list1)
```

在这个例子中，将位置索引为 1 的元素修改为 111。运行这段代码，得到如下输出。

```
原来的列表： [11, 22, 33, 44, 55, 66]
现在的列表： [11, 111, 33, 44, 55, 66]
```

2. 任务实现

在这个任务中，首先创建一个包含诗人姓名的列表，其中有的诗人姓名出错。然后，通过 input() 输入需要修改的列表索引和对应的值，使用重新赋值的方法修改诗人姓名，并打印出修改元素后的列表，示例代码如下。

```
1    poets = [' 李白 ',' 杜甫 ',' 王安石 ',' 苏轼 ',' 李清照 ']
2    print(f' 全部诗人的姓名：{poets}')
3
4    poet_num = int(input(' 想修改哪个位置的诗人（从 0 开始计数）：'))
5    poet_name = input(' 请输入修改后的姓名：')
6    poets[poet_num] = poet_name
7    print(f' 修改后的诗人列表：{poets}')
```

运行这段代码，得到如下输出。

```
全部诗人的姓名：[' 李白 ',' 杜甫 ',' 王安石 ',' 苏轼 ',' 李清照 ']
想修改哪个位置的诗人（从 0 开始计数）：2
请输入修改后的姓名：白居易
修改后的诗人列表：[' 李白 ',' 杜甫 ',' 白居易 ',' 苏轼 ',' 李清照 ']
```

这个任务展示了在原有列表的基础上使用不同的方法修改列表元素。通过完成这个任务，我们能理解列表元素的修改方法。

在这个任务中，通过 input() 输入要修改的列表索引，由于 input() 获取到的数据的数据类型是字符串，因此在第 4 行代码中使用 int() 转换为整型数。

任务 6.5 排序诗人列表

在这个任务中，我们将学习如何在 Python 中对列表进行排序。在已有的诗人列表中，按照诗人的首字母进行排序。

1.相关知识

在 Python 中，列表是一种可变的数据结构，可以使用 sort() 方法对列表进行排序。sort() 方法会对列表中的元素进行排序，如果列表中的元素是字符串，那么 sort() 方法会按照字母顺序进行排序。

【例 6-5-1】对数字列表升序排序

在一个由整数组成的列表中，对其中的元素按从小到大排序，示例代码如下。

```
1   num_list1 = [11, 22, 33, 11]
2   print(' 原来的列表：', num_list1)
3   num_list1.sort()
4   print(' 现在的列表：', num_list1)
```

运行这段代码，得到如下输出。

```
原来的列表：[11, 22, 33, 11]
现在的列表：[11, 11, 22, 33]
```

【例 6-5-2】对数字列表降序排序

在一个由整数组成的列表中，对其中的元素按从大到小排序，示例代码如下。

```
1   num_list1 = [11, 22, 33, 11]
2   print(' 原来的列表：', num_list1)
3   num_list1.sort()
4   num_list1.reverse()
5   print(' 现在的列表：', num_list1 )
```

运行这段代码，得到如下输出。

```
原来的列表：[11, 22, 33, 11]
现在的列表：[33, 22, 11, 11]
```

知识延伸

要使列表中的元素按从大到小的顺序排序，也可以使用 sort(reverse=True) 的方式实现，示例代码如下。

```
1    num_list1 = [11, 22, 33, 11]
2    print(' 原来的列表： ', num_list1)
3    num_list1.sort(reverse=True)
4    print(' 现在的列表： ', num_list1)
```

运行这段代码，得到如下输出：

```
原来的列表： [11, 22, 33, 11]
现在的列表： [33, 22, 11, 11]
```

【例 6-5-3】对字符串列表排序

在一个由字符串组成的列表中，对其中的元素字母 a–z 的顺序进行排序，示例代码如下。

```
1    str_list = ['li bai', 'du fu', 'bai juyi', 'su shi']
2    print(' 原始列表： ', str_list)
3    str_list.sort()
4    print(' 升序排序后的列表： ', str_list)
```

在这个例子中，对列表 str_list 中的字符串元素按字母 a–z 的顺序进行排序。运行这段代码，得到如下输出。

```
原始列表：　['li bai', 'du fu', 'bai juyi', 'su shi']
升序排序后的列表：　['bai juyi', 'du fu', 'li bai', 'su shi']
```

2. 任务实现

在这个任务中，我们首先创建一个包含诗人姓名的列表，然后使用 sort() 方法对姓名进行排序，并打印出排序后的列表，示例代码如下。

```
1    poets = [' 李白 ',' 杜甫 ',' 白居易 ',' 苏轼 ',' 李清照 ']
2    print(f' 全部诗人的姓名： {poets}')
3
4    # 对诗人的姓名排序，然后输出排序后的结果
5    poets.sort()
6    print(poets)
```

运行这段代码，得到如下输出。

```
[' 白居易 ',' 杜甫 ',' 李白 ',' 李清照 ',' 苏轼 ']
```

这个任务展示了如何使用 sort() 方法对列表元素排序。通过完成这个任务，我们能理解列表元素的排序方法。

当对中文排序的时候,我们会发现元素没有按照拼音的顺序进行排序,这是因为 sort() 是参照字符的编码(Unicode)大小进行排序的。如果实现按照拼音顺序进行排序,可以使用下面的方法。在下面的代码中,涉及还没有学到的循环和第三方库,大家可以在学习完相应模块后,再学习这段代码。

```
1   # 按照拼音进行顺序
2   from pypinyin import pinyin, Style
3
4   poets = [' 李白 ',' 杜甫 ',' 白居易 ',' 苏轼 ',' 李清照 ']
5   poets.sort(key=lambda keys: [pinyin(i, style=Style.TONE3) for i in keys])
6   print(poets)
```

运行这段代码,得到如下输出。

```
[' 白居易 ',' 杜甫 ',' 李白 ',' 李清照 ',' 苏轼 ']
```

这个排序结果就是按照拼音顺序输出的。

任务 6.6　综合实践——乐器管理

在这个任务中,我们将创建一个简单的乐器管理代码,用于记录和管理商店内乐器的信息。这个任务将综合运用本模块所学的知识点。

1. 相关知识

要完成本任务需要综合应用本模块前面学到的知识。首先,根据任务 6.1 的知识,创建一个包含五种乐器的列表。然后,结合任务 6.2 的内容,增加新采购的乐器。运用任务 6.3 的知识,删除售罄的乐器。再根据任务 6.4 的知识,修改列表中的乐器名称。最后,参考任务 6.5,对列表中的乐器进行排序。这些知识和技能在前面的任务中都有详细介绍。有了这些知识储备就可以开始实现 6.6 乐器管理任务了。

2. 任务实现

在这个任务中,我们首先建立一个包含五种乐器的列表,然后实现增加新采购的乐器、售罄的乐器下架、修改乐器名称、对乐器列表进行排序、统计乐器种类等功能,示例代码如下。

```
1   # 建立一个包含五种乐器的列表,并打印列表
2   instruments = [' 琵琶 ',' 二胡 ',' 埙 ',' 琴 ',' 笛 ']
3   print(f' 原来有的乐器列表: {instruments}')
4
5   # 在列表中增加新的乐器,并打印更新后的列表
6   instrument_new = input(' 请输入新采购的乐器: ')
7   instruments.append(instrument_new)
```

```
8    print(f'增加新采购后的乐器列表：{instruments}')
9
10   # 删除列表中的某种乐器，并打印更新后的列表
11   instrument_out = input('请输入售罄的乐器：')
12   instruments.remove(instrument_out)
13   print(f'去除售罄的乐器列表：{instruments}')
14
15   # 修改列表中的某种乐器名称，并打印更新后的列表
16   instrument_num = int(input('请输入要修改第几个乐器：')) - 1
17   instrument_name = input('请输入要乐器的名称：')
18   instruments[instrument_num] = instrument_name
19   print(f'修改名称后的乐器列表：{instruments}')
20
21   # 对列表中的乐器进行排序，并打印排序后的列表
22   instruments.sort()
23   print(f'排序后的乐器列表：{instruments}')
24
25   # 计算出列表中有多少种乐器，并打印出结果
26   num_inst = len(instruments)
27   print(f'目前本店中的乐器共有 {num_inst} 种。')
```

这段代码展示了如何在列表中添加、删除、修改元素以及对列表中的元素进行排序和计数。通过这些操作，可以更好地管理和维护乐器列表。运行这段代码，得到如下输出。

```
原来有的乐器列表：['琵琶','二胡','埙','琴','笛']
请输入新采购的乐器：瑟
增加新采购后的乐器列表：['琵琶','二胡','埙','琴','笛','瑟']
请输入售罄的乐器：笛
去除售罄的乐器列表：['琵琶','二胡','埙','琴','瑟']
请输入要修改第几个乐器：4
请输入乐器的名称：古琴
修改名称后的乐器列表：['琵琶','二胡','埙','古琴','瑟']
排序后的乐器列表：['二胡','古琴','埙','琵琶','瑟']
目前本店中的乐器共有 5 种。
```

回顾总结

本模块是关于 Python 的列表数据类型，通过一系列任务，介绍列表的基本概念以及如何创建和操作列表。首先，本模块介绍了列表的作用、创建列表的方法、添加元素的方法，其中添加元素包括在末尾添加和在指

定位置插入元素。然后，本模块介绍了删除和修改列表元素的方法。最后介绍了如何对列表中的元素进行排序和计数。

◖ 应用训练 ❯━━━━━━━━━━━━━━━━━━━━━━━━━━━━━━━━━

1. 情景：某学习小组需要统计名单信息，编写一段代码，将姓名存储到一个列表中，用户输入姓名可以添加姓名，输入完毕显示整个小组的名单。

2. 情景：小明购买了几种颜色的手机壳，编写一段代码，向同学展示购买了哪几种颜色的手机壳，将新的颜色添加到颜色列表中并显示出来。

模块 7

条件分支

▷ 知识目标

1. 理解条件语句在代码中的作用和重要性。
2. 理解 if 语句的基本语法和使用方法，包括 if、if-else、if-elif-else 等形式的语句。
3. 理解条件语句的嵌套结构。

▷ 能力目标

1. 能够解释条件语句的概念及其在代码设计中的应用场景。
2. 能够使用 if 语句，包括 if、if-else、if-elif-else 等形式的语句，实现对代码流程的控制。
3. 能够灵活使用逻辑运算符组合条件表达式。
4. 能够结合实际情况选择合适的条件语句进行代码设计和编写。

▷ 素养目标

1. 培养逻辑思维和系统思考能力，强化抽象思维和推理能力。
2. 勇于尝试和创新，提高问题解决能力和自主学习能力。

模块导入

在这个模块中，我们将学习条件分支语句。条件分支语句可以根据不同的条件执行相应的任务，可以提高代码的灵活性和可读性。

随着社会的发展和人民生活水平的提高，电影成为人们享受文化娱乐的一种方式。在这个模块中，我们将以电影票为切入点设计相关任务。通过解决这些任务可以学习如何使用 if-else 语句和嵌套的条件分支实现复杂的条件判断。

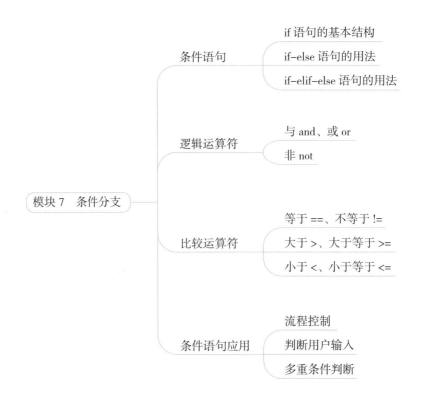

任务 7.1　验证电影票类型

if 语句初体验

在这个任务中，我们将学习如何使用 if-else 语句验证用户输入的电影票类型是否合法。

1. 相关知识

1）条件语句的基本概念

在编程中，常常需要根据不同的情况做出不同的选择，根据不同的选择执行不同的代码，比如需要编写一段代码，要求当变量 a>0 时返回"正数"，当 a<0 时返回"负数"，此时就可以使用 if-else 语句实现。

2）条件语句的基本结构

条件语句在 Python 中的基本结构是 if-else，它的语法形式如下。

```
if 条件：
    # 满足条件时要执行的代码块
else：
    # 不满足条件时要执行的代码块
```

在这个结构中，关键字 if 后面跟着一个条件表达式。如果条件为真（即满足条件），代码将执行 if 语句下的代码块；如果条件为假，代码将执行 else 语句下的代码块。

3）比较运算符

在条件语句中，可以使用比较运算符比较两个值的关系，常用的比较运算符如表 7-1-1 所示。

表 7-1-1　常用的比较运算符

描述	符号	举例	解释
相等	==	number == 10	变量 number 的值为 10
大于	>	number > 10	变量 number 比 10 大
大于等于	>=	number >= 10	变量 number 大于等于 10
小于	<	number < 10	变量 number 比 10 小
小于等于	<=	number <= 10	变量 number 小于等于 10
不等于	!=	number != 10	变量 number 不是 10

4）逻辑运算符

在条件语句中，可以使用逻辑运算符来组合多个条件，常用的逻辑运算符如表 7-1-2 所示。

表 7-1-2　常用的逻辑运算符

描述	符号	举例	解释
条件同时成立	and	number >= 10 and number <= 60	变量 number 的值在 10（含）到 60 之间（含）
其中一个条件成立	or	number <= 10 and number >= 60	变量 number 的值小于等于 10，或者变量 number 的值大于等于 60
不是这个条件	not	not number >= 10	变量 number 不大于等于 10

5）条件语句的使用示例

【例 7-1-1】往哪个方向走

询问用户去哪里，然后指示不同的方向，示例代码如下。

```
1    # 询问用户要选择去哪里
2    destination = input(" 请问要去哪里呢？（客运站 / 植物园）: ")
3
4    # 根据不同的情况作出选择
5    if destination == " 客运站 ":
6        print(" 要向左走 ")
7    else:
8        print(" 要向右走 ")
```

在这个例子中，首先询问用户要前往的地方，并将用户的输入存储在变量 destination 中。然后，通过判断 destination 的值是否等于"客运站"，如果是，则打印出"要向左走"；如果不是，则打印出"要向右走"。

【例 7-1-2】更复杂的条件

使用逻辑运算符，根据用户的输入，显示不同的信息。示例代码如下：

```
status = input(" 上课是不是很开心吗？ 1- 开心：")
if status == "1" or status == " 开心 ":
    print(" 我也开心了！")
    print("hahahhh")
```

71

```
    print("aaaaaaa")
else:
    print(" 再想想 ")
    print(" 再想想 ")
    print(" 再想想 ")
```

在这个例子中，假如用户输入"1"或者"开心"，显示"我也开心了""hahahhh""aaaaaaa"；否则，显示"再想想"三次。这个示例演示了如何使用条件语句和逻辑运算符处理更复杂的情况。

2. 任务实现

在这个任务中，我们需要验证用户输入的电影票类型是否合规。假设合规的电影票类型为"成人票""学生票""儿童票"，其他输入都将被视为不合规。可以通过 if-else 语句来实现条件判断，并根据不同的电影票类型作出相应的处理，示例代码如下。

```
1    # 使用列表定义合规的电影票类型
2    valid_types = [' 成人票 ',' 学生票 ',' 儿童票 ']
3
4    # 获取用户输入的电影票类型
5    ticket_type = input(' 请输入电影票类型（成人票 / 学生票 / 儿童票）: ')
6
7    # 验证电影票类型输入是否合规
8    if ticket_type in valid_types:
9        print(f' 您输入的 {ticket_type} 是合规的电影票类型。')
10   else:
11       print(f' 您输入的 {ticket_type} 不是合规的电影票类型，请重新输入。')
12
```

运用列表模块中的知识，使用列表定义合规的电影票类型，以及使用 in 判断输入的类型是否在合规的电影票类型列表中，然后使用 if-else 语句显示不同的信息。

运行这段代码，得到如下输出结果。

```
请输入电影票类型（成人票 / 学生票 / 儿童票）: 学生票
您输入的 学生票 是合规的电影票类型。
请输入电影票类型（成人票 / 学生票 / 儿童票）: aa
您输入的 aa 不是合规的电影票类型，请重新输入。
```

Tips:

在代码中 if 和 else 后面都要加一个英文冒号，它们后面的代码都需要缩进，这是 Python 的语法规定的。

【拓展实践】　登录密码

情景：仿照常见的登录操作，输入正确密码后才能登录成功。

使用变量存储正确的密码，用户输入密码后，比较用户输入的密码和正确的密码，给出不同的提示信息，示例代码如下。

```
1    password = 'Mima'
2    guess = input(' 请输入密码：')
3    if guess == password:
4        print(' 欢迎来到 App 世界 ')
5    else:
6        print(' 密码不对，不能进来 ')
```

【拓展实践】　姓氏排第几

情景：在模块 5 的"姓氏排名"拓展实践中，我们已经学会了在最新百家姓排名中，查询某个姓氏的排名。现在，结合条件语句对模块 5 进行修改，假如输入的姓氏不在新百家姓前 100 名之中，输出提示信息。

姓氏排第几？

经过前面的学习，我们已经具备了解决这个问题的基本能力。现在，需要学习的是如果使用 find() 找不到字符，输出结果是什么，示例代码如下。

```
1    letters = 'aabbcc'
2    letter = letters.find('ee')
3    print(letter)
```

运行这段代码，未找到 ee，输出结果为 -1，-1 表示找不到。

结合这个知识点，要实现本任务，可以使用如下示例代码（第一行代码只列出前 10 名做测试使用，实际操作时用完整的姓氏代替即可）。

```
1    surnames = ' 王李张刘陈杨黄赵吴周 '
2    surname = input(' 同学，姓什么？')
3    index = surnames.find(surname)
4    if index == -1:
5        print(' 百家姓前 100 名中没有这个姓氏 ')
6    else:
7        print(' 排名在第 ', index + 1, ' 位 ')
```

任务 7.2　确认购买电影票

在这个任务中，我们将使用 if-elif-else 语句来实现一个简单的电影票购买确认代码，用户输入一个字符来表示确认或取消购买，使用字符串的 upper() 方法将用户输入的字符转换为大写字母，以便进行条件判断。

1. 相关知识

if-elif-else 语句是 Python 中用于实现多条件判断的一种语句结构。它可以根据不同的条件执行不同的代码块。

1）多条件判断的语法

if-elif-else 语句的语法形式如下。

```
if 第 1 个条件:
    # 满足第 1 个条件的语句
elif 第 2 个条件:
    # 满足第 2 个条件的语句
...
elif 第 n 个条件:
    # 满足第 n 个条件的语句
else:
    # 以上所有条件都不满足时执行的语句
```

在这个语法结构中，if 后面跟着第 1 个条件表达式，如果该条件表达式的值为 True，则执行紧接着的代码块中的代码。

elif 是 else if 的缩写，用于添加额外的条件表达式。当前面的条件都不满足时，会依次检查每个 elif 后面的条件表达式，如果有任何一个条件表达式的值为 True，则执行对应的代码块中的代码。

else 是可选的，用于指定所有条件都不满足时要执行的代码块。只有在前面的所有条件都不满足时，才会执行 else 代码块中的代码。

通过使用 if-elif-else 语句，可以根据不同的条件做出不同的判断、执行不同的代码块，从而实现代码的灵活性和逻辑控制。

多重条件判断输入的数字

2）多条件判断的应用举例

【例 7-2-1】猜数字游戏

假设正在设计一个猜数字游戏，游戏的规则是设定一个固定的答案，然后由用户输入猜测的数字，程序根据猜测的结果给予不同的反馈。

首先，使用 if-else 语句判断输入的数字是否大于 10，示例代码如下。

```
1    input_number = int(input(' 请输入数字：'))
2    if input_number > 10:
3        print(' 输入的数字大了 ')
4    else:
5        print(' 再输入吧 ')
```

运行这段代码，如果数字大于 10，则打印"输入的数字大了"；否则，打印"再输入吧"。

接着，在已编写的代码的基础上增加功能。使用 answer 存储作为答案的数字，把用户输入的数字和答案做大于、相等、小于的不同比较，根据不同的比较结果，显示不同的反馈结果，示例代码如下。

```
1    answer = 10
2    input_number = int(input(' 请输入数字：'))
```

```
3      if input_number > answer:
4          print(' 输入的数字大了 ')
5      elif input_number == answer:
6          print(' 恭喜，猜中了！ ')
7      else:
8          print(' 输入的数字小了 ')
```

运行这段代码，得到如下输出结果。

请输入数字：20
输入的数字大了

请输入数字：10
恭喜，猜中了！

请输入数字：8
输入的数字小了

【例 7-2-2】对输入的反馈

这是一个对用户输入的字母给出反馈信息的示例。用户输入大写 Y 或小写 y 时，都会显示"选择了确认"，示例代码如下。

```
# 对输入的字母给出反馈信息
# 方法 1
answer = input('y- 确认 ')
if answer.upper() == 'Y':
    print(' 选择了确认 ')


# 方法 2
answer = input('y- 确认 ')
if answer == 'Y' or answer == 'y':
    print(' 选择了确认 ')
```

多重条件判断输入的字母

这个例子给出了 2 种实现方法。方法 1 应用了字符串的 upper() 将输入的字母转为大写。方法 2 使用了逻辑运算符 or，使输入无论是大写还是小写，都能使 if 后面的条件成立。分别运行方法 1 和方法 2 的代码，得到如下输出。

y- 确认 y
选择了确认

y- 确认 Y
选择了确认

这段代码展示了如何处理不同条件下的用户输入，以及如何根据条件给出相应的反馈信息。有了这些基本知识储备就可以开始实现确认购买电影票的任务了。

2. 任务实现

在这个任务中，要求用户输入一个字符来表示是否确认购买电影票，然后使用 if-elif-else 语句根据不同的情况打印出相应的确认信息或取消信息，示例代码如下。

```
1    # 用户输入确认信息
2    answer = input(' 请确认是否购买电影票（y- 确认，n- 取消）: ')
3
4    # 根据用户的输入作出判断
5    if answer.upper() == 'Y':
6        print(' 确认购买。')
7    elif answer.upper() == 'N':
8        print(' 取消购买。')
9    else:
10       print(' 输入无效，请重新输入。')
```

运行这段代码，得到如下输出结果。

```
请确认是否购买电影票（y- 确认，n- 取消）: Y
确认购买。


请确认是否购买电影票（y- 确认，n- 取消）: n
取消购买。
```

知识延伸

在解决这个任务的时候，还可以使用逻辑运算符 or 来进行条件判断，示例代码如下。

```
1    # 根据用户的输入做出判断
2    if answer == 'Y' or answer == 'y':
3        print(" 确认购买。")
4    elif answer == 'N' or answer == 'n':
5        print(" 取消购买。")
6    else:
7        print(" 输入无效，请重新输入。")
```

任务 7.3　计算电影票价格

在这个任务中，我们将学习如何使用 if-else 语句根据电影票的类型确定票价，并学会使用比较运算符和逻辑运算符实现复杂的判断逻辑。

1. 相关知识

在任务 7.2 中，我们已经学习了如何使用 if-elif-else 语句进行多条件判断。多条件判断能根据不同的条件执行不同的代码块。下面，将通过两个示例来加深了解条件语句的应用。

1）根据年龄判断观光票价格

游客前来购票时，需要根据他们的年龄来决定观光票的价格。例 7-3-1 展示了如何实现这一功能。

【例 7-3-1】观光票的购买价格

这个示例以年龄作为条件，根据年龄输出不同的价格，示例代码如下。

```
1    #用户输入年龄
2    age = int(input(' 请输入您的年龄？ '))
3
4    #根据用户的输入作出判断
5    if age < 6:
6        price = 0
7    elif age < 18:
8        price = 75
9    elif age < 60:
10       price = 150
11   else:
12       price = 30
13
14   #输出结果
15   print(f' 门票价格是：', price, ' 元 ')
```

运行这段代码，得到如下输出结果。

```
请输入您的年龄？ 5
门票价格是： 0 元

请输入您的年龄？ 6
门票价格是： 75 元
请输入您的年龄？ 18
门票价格是： 150 元

请输入您的年龄？ 61
门票价格是： 30 元
```

2）确认购票

当游客前来购票时，他们可以选择确认购买观光票或取消购买。下面的示例展示了如何根据游客的选择来执行不同的操作。

【例 7-3-2】确认购票

该例将条件语句与用户交互结合起来，以实现更复杂的功能，根据用户的输入确认或取消购买门票，示例代码如下。

```
1    answer = input(' 请确认是否购买观光票？（y- 确认，n- 取消）: ')
2
3    if answer.upper() == 'Y':
4        age = int(input(' 请输入您的年龄？ '))
5
6        if age < 6:
7            price = 0
8        elif age < 18:
9            price = 75
10       elif age < 60:
11           price = 150
12       else:
13           price = 30
14
15       print(' 您选择了确认购买观光票 ')
16       print(f' 门票价格是：{price} 元 ')
17
18   elif answer.upper() == 'N':
19       print(' 您选择了取消购买观光票 ')
20
21   else:
22       print(' 请重新输入 ')
23
```

这段代码展示了如何根据用户的输入和不同的条件作出相应的决策。有了这些基本知识储备就可以开始实现电影票价格计算的任务了。

2. 任务实现

在这个任务中，我们要根据电影票的类型来确定票价。首先，让用户输入电影票类型，然后使用 if-else 语句根据不同的电影票类型确定票价，示例代码如下。

```
1    # 使用列表定义电影票类型
2    valid_types = [' 成人票 ', ' 学生票 ', ' 儿童票 ']
3
4    # 获取用户输入的电影票类型
5    ticket_type = input(' 请输入电影票类型（成人票 / 学生票 / 儿童票）: ')
6
```

```
7    if ticket_type == ' 成人票':
8        price = 60
9    elif ticket_type == ' 学生票':
10       price = 30
11   elif ticket_type == ' 儿童票':
12       price = 20
13   else:
14       price = 0
15
16   if price == 0:
17       print(f' 您输入的 {ticket_type} 不是合规的电影票类型，请重新输入。')
18   else:
19       print(f'{ticket_type} 电影票价格为：{price} 元')
```

本任务使用了 if-elif-else 语句来根据电影票的类型确定票价。如果票的类型是"成人票"，则票价为 60 元；如果是"学生票"，则票价为 30 元；如果是"儿童票"，则票价为 20 元；否则，票价为 0 元（表示无效的票价）。最后，使用 print 语句将计算出的票价输出。

运行这段代码，得到如下输出结果。

```
请输入电影票类型（成人票 / 学生票 / 儿童票）：成人票
成人票 电影票价格为：60 元


请输入电影票类型（成人票 / 学生票 / 儿童票）：学生票
学生票 电影票价格为：30 元


请输入电影票类型（成人票 / 学生票 / 儿童票）：儿童票
儿童票 电影票价格为：20 元


请输入电影票类型（成人票 / 学生票 / 儿童票）：票
您输入的 票 不是合规的电影票类型，请重新输入。
```

任务 7.4　调整电影票会员折扣

在这个任务中，我们将学习如何使用 if-elif-else 语句根据不同的会员身份给予不同的电影票折扣，编写条件表达式来确定会员的折扣等级。

1. 相关知识

1）会员折扣

会员折扣是一种常见的销售策略，可用于吸引客户或促进销售。这种策略通常根据以下因素进行调整：不同类型的客户，如学生、老年人、其他普通客户等可以享受不同的折扣；购买更多数量的产品或服务会获得更大的折扣；根据购买的周期动态变化，长期购买产品或服务的客户可能会获得更大的折扣。

这种折扣政策适用于不同领域，如电影院、软件会员、购物商城等。本任务根据上述内容以及会员的身份和购票数量来计算折扣，以便结合不同的场景理解条件分支。

2）计算会员折扣

在会员折扣的例子中，可以使用比较运算符和逻辑运算符来构建条件表达式，以确定购买会员的月数是否符合某个条件。

【例 7-4-1】计算会员折扣

情景：某软件进行开学季会员回馈活动。会员原价是 10 元 / 月，如果购买 9 个月及以上但不超过 18 个月，提供 10% 的折扣；如果购买 18 个月及以上，提供 20% 的折扣。用户需要输入购买的月数，根据月数的不同享受不同的折扣，示例代码如下。

```
1   full_price = 10
2   month = int(input(' 请输入要购买多少个月的会员？ '))
3   # if month >= 9 and month < 18:
4   if 9 <= month < 18:
5       discount = 0.1
6   elif month >= 18:
7       discount = 0.2
8   else:
9       discount = 0
10
11  discount_price = full_price * month * (1 - discount)
12  print(f' 获得的折扣是 :{discount}，折后价格是： {discount_price} 元 ')
```

在这段代码中，根据第 2 行获得用户输入的购买会员的月数，然后在第 4-9 行中使用 if-elif-else 语句结合逻辑运算符和比较运算符来确定应该享受的折扣；其中，第 4 行的条件表达式可以用第 3 行的代替，第 3 行使用了逻辑运算符 and 表示条件同时满足。最后，在第 11-12 行中根据折扣和购买月数计算折扣后的价格，并输出折扣和最终价格。

Tips:

在编写条件语句时，有多种不同的写法。例如购买 9 个月及以上但不超过 18 个月，可以使用两种写法。第一种写法 if month >= 9 and month < 18，这种写法明确地展示了两次比较，可读性高，但相对冗长。第二种写法是 if 9 <= month < 18，这种写法将两个比较操作合并成一个表达式，更加简洁，但可读性较第一种差。选择哪种写法主要取决于团队的编码规范和个人的偏好。

通过这个购买会员的例子，理解如何使用逻辑运算符和比较运算符构建条件表达式。有了这些基本知识储备就可以开始实现电影票会员折扣的任务了。

2. **任务实现**

在本任务中，我们将根据会员的身份确定他们享受的电影票折扣等级。首先，定义一个会员身份的列表，然后让用户输入自己的会员身份。接下来，使用 if-elif-else 语句结合逻辑运算符和比较运算符来判断用户输入的会员身份，从而确定他们应该享受的电影票折扣等级，示例代码如下。

```
1    membership = input(' 请输入您的会员身份（铜卡 / 银卡 / 金卡 / 钻卡）：')
2
3    # 电影票的原价
4    ticket_price = 60
5
6    # 根据不同的会员身份，设置不同的折扣
7    if membership == ' 铜卡 ':
8        discount = 0.9
9    elif membership == ' 银卡 ':
10       discount = 0.8
11   elif membership == ' 金卡 ':
12       discount = 0.7
13   elif membership == ' 钻卡 ':
14       discount = 0.6
15   else:
16       discount = 1.0
17
18   if discount < 1.0:
19       print(' 恭喜！您享受的电影票折扣为：', discount)
20   else:
21       print(' 抱歉，您不能享受折扣。')
22
23   # 计算最终票价并输出
24   final_price = ticket_price * discount
25   print(f' 您的最终票价为：{final_price} 元 ')
```

该任务示例代码根据用户输入的会员身份使用 if-elif-else 语句，结合比较运算符来确定他们应该享受的电影票折扣。然后，根据折扣的值判断是否有折扣并显示相应的折扣信息。最后，计算最终票价并输出。运行这段代码，得到的其中一种输出如下。

```
请输入您的会员身份（铜卡 / 银卡 / 金卡 / 钻卡）：银卡
恭喜！您享受的电影票折扣为：0.8
您的最终票价为：48.0 元
```

知识延伸

还可以使用列表分别存储会员等级和会员折扣，从而使代码更简洁和易于维护。

```
1    # 分别使用列表存储会员等级、不同会员对应的折扣
2    memberships = [' 铜卡 ',' 银卡 ',' 金卡 ',' 钻卡 ']
```

```
3    discounts = [0.9, 0.8, 0.7, 0.6]
4
5    # 电影票的原价
6    ticket_price = 60
7
8    membership = input('请输入您的会员身份（铜卡/银卡/金卡/钻卡）：')
9
10   # 根据不同的会员身份，找到对应的折扣
11   if membership in memberships:
12       index = memberships.index(membership)
13       discount = discounts[index]
14       print('恭喜！您享受的电影票折扣为：', discount)
15   else:
16       print('抱歉，您不能享受折扣。')
17       discount = 1.0
18
19   # 计算最终票价并输出
20   final_price = ticket_price * discount
21   print(f'您的最终票价为：{final_price} 元')
```

在这段代码中使用了两个列表。其中，列表 memberships 用来存储会员身份，列表 discounts 用来存储不同会员对应的折扣值。通过使用第 11 行代码中的 in 操作符可以判断用户输入的会员身份是否存在于 memberships 列表中。如果存在，使用 index 方法获取会员身份在列表中的索引，然后使用该索引在 discounts 列表中获取对应的折扣。

任务 7.5　审核校园电影活动报名资格

在这个任务中，我们将使用 if-else 语句以及嵌套的 if-else 语句来进行校园电影活动的报名资格审核，学会如何使用嵌套的 if-else 语句实现复杂的条件判断。

1. 相关知识

if-else 语句是 Python 中用于根据条件判断执行不同代码块的语法。它允许根据条件的真假决定接下来要执行的代码。还可以在 if 或 else 代码块中嵌套更多的 if-else 语句，从而实现更复杂的条件判断。

【例 7-5-1】招募志愿者

情景：插画协会要举办一个校园插画的讲授活动，想招募志愿者协助指导，对招募人员的要求是用过 AI、有插画作品，示例代码如下。

```
1    AI_user = input('请问平时有使用 AI 吗？ 1- 使用，其他 - 没使用：')
2    if AI_user == '1':
3        CG_works = input('请提供插画作品，y- 提供，其他 - 没有：')
```

```
4     if CG_works.upper() == 'Y':
5         print(' 欢迎加入团队 ')
6     else:
7         print(' 需要有插画作品才能加入哦 ')
8   else:
9     print(' 需要平时习惯使用 AI 的同学哦 ')
```

运行这段代码，得到如下的输出结果。

请问平时有使用 AI 吗？　1- 使用，其他 - 没使用：2
需要平时习惯使用 AI 的同学哦

请问平时有使用 AI 吗？　1- 使用，其他 - 没使用：1
请提供插画作品，y- 提供，其他 - 没有：y
欢迎加入团队

请问平时有使用 AI 吗？　1- 使用，其他 - 没使用：1
请提供插画作品，y- 提供，其他 - 没有：n
需要有插画作品才能加入哦

在这个例子中，使用了嵌套的 if-else 语句来进行校园插画讲授活动的志愿者招募。首先判断学生平时是否使用 AI，如果否，输出相应的提示信息；如果是，则进一步判断是否能够提供插画作品；如果没有提供插画作品，则输出相应的提示信息。通过这个示例代码，可以了解到如何使用 if-else 语句以及嵌套的 if-else 语句来实现复杂的条件判断。有了这些基本知识储备就可以开始实现校园电影活动的报名资格审核的任务了。

2.任务实现

情景：数字媒体专业的学生组织开展校园电影活动，活动主要面向数字媒体专业的学生，同时，也面向大一数字媒体和其他专业的学生开展不同的主题的电影普及活动。请设计一个程序完成活动报名资格审核。

报名资格的审核规则如下。

（1）数字媒体专业 + 大二及以上：所有主题活动。

（2）数字媒体专业 + 大一："数媒与电影"主题。

（3）其他专业 + 大一："电影赏析"主题。

（4）其余：暂时不能参加。

实现校园电影活动报名资格审核的示例代码如下。

```
1   grade = int(input(' 请输入您的年级：'))
2   major = input(' 请输入您的专业：')
3
4   if major == ' 数字媒体 ':
5     if grade >= 2:
6         print(' 恭喜！您可以参加所有主题的校园电影活动。')
7     else:
```

```
8        print(' 您好！您可以参加"数媒与电影"主题的校园电影活动。')
9    elif grade == 1:
10       print(' 您好！您可以参加 " 电影赏析 " 主题的校园电影活动。')
11   else:
12       print(' 很抱歉，您暂时不能参加校园电影活动。')
```

在以上代码中，学生需要先输入自己的年级和专业，然后程序根据不同的专业进行条件判断。如果专业是数字媒体专业，结合年级信息，输出对应的可参加的主题活动信息；如果不是数字媒体专业，根据是否是大一，输出不同的信息。运行这段代码，得到如下的输出。

```
请输入您的年级：1
请输入您的专业：数字媒体
您好！您可以参加"数媒与电影"主题的校园电影活动。

请输入您的年级：2
请输入您的专业：数字媒体
恭喜！您可以参加所有主题的校园电影活动。

请输入您的年级：1
请输入您的专业：软件
您好！您可以参加"电影赏析"主题的校园电影活动。

请输入您的年级：2
请输入您的专业：软件
很抱歉，您暂时不能参加校园电影活动。
```

任务 7.6 综合实践——古镇旅游预约程序

情景：某城市附近有一个著名的古镇，该古镇在一些传统节日会举办丰富多彩的活动，以弘扬优秀传统文化。为了更好地组织游客参观古镇，需要编写一段代码来管理报名参观的游客信息，包括姓名、年龄、会员等级等，同时程序还需要可以根据游客选择的参观日期和会员等级计算门票价格。

1. 相关知识

要完成本任务需要综合应用本模块前面学到的知识。首先，根据任务 7.1、7.2 的知识，用户输入后，若输入为指定的传统节日，给出对应的祝语。然后，运用任务 7.3、7.4 的知识，计算会员折扣和年龄折扣。最后，参考任务 7.5 的技巧，根据会员等级和节日优惠计算会员价格，并输出相应的信息。涉及的知识在前面的任务中都有详细介绍。有了这些知识储备就可以开始实现古镇旅游预约的任务了。

2. 任务实现

在古镇旅游报名代码中，门票价格规则可以设定为以下几种情况。

（1）非节日期间，普通游客的门票价格为 18 岁以下 30 元、60 岁以上免费，其余 50 元。

（2）非节日期间，会员游客的门票价格根据会员等级享受不同优惠：铜卡会员享受 9 折优惠；银卡会员享受 8 折优惠；金卡会员享受 7 折优惠。

（3）节日期间，所有游客的门票打八折。

预约程序会根据用户输入的信息（是否为节日、是否为会员、会员等级等）来判断最终门票价格。使用条件分支语句（if-elif-else）来处理不同的情况，并根据相应的规则计算门票价格。

按照设定的需求完成代码设计，示例代码如下。

```
1   # 用户输入姓名和年龄
2   name = input(' 请输入您的姓名：')
3   age = int(input(' 请输入您的年龄：'))
4
5   # 判断用户输入的农历日期是否为指定的传统节日
6   lunar_month = input(' 请输入农历月份：')
7   lunar_day = input(' 请输入农历日期：')
8
9   is_festival = False
10  festival_name = ''
11
12  if lunar_month == '1' and lunar_day == '1':
13      is_festival = True
14      festival_name = ' 春节 '
15  elif lunar_month == '1' and lunar_day == '15':
16      is_festival = True
17      festival_name = ' 元宵节 '
18  elif lunar_month == '8' and lunar_day == '15':
19      is_festival = True
20      festival_name = ' 中秋节 '
21
22  # 给出对应的祝福语
23  if is_festival:
24      print(f' 您选择了 {festival_name} 当天，祝您在 {festival_name} 游玩愉快！ \n')
25
26  # 计算会员折扣
27  membership = input(' 请输入您的会员身份（铜卡 / 银卡 / 金卡）：')
28
29  if membership == ' 铜卡 ':
30      membership_discount = 0.9
31  elif membership == ' 银卡 ':
32      membership_discount = 0.8
33  elif membership == ' 金卡 ':
```

```
34       membership_discount = 0.7
35
36   # 计算门票价格
37   # 计算年龄对应的门票价格
38   if age < 18:
39       ticket_price_age = 30
40   elif age >= 60:
41       ticket_price_age = 0
42   else:
43       ticket_price_age = 50
44
45   # 指定节日的折扣
46   if is_festival:
47       festival_discount = 0.8
48
49   # 结合节日和年龄，计算门票价格
50   ticket_price = ticket_price_age * festival_discount * membership_discount
51
52   # 输出
53   print('\n 以下是您的预约信息 ')
54   print(f'{name}，您的年龄是 {age} 岁，选择的农历日期是 {lunar_month} 月 {lunar_day} 日。')
55   if is_festival:
56       print(f' 恭喜您选择了 {festival_name}，您将享受节日优惠！')
57
58   print(f' 您的会员等级是 {membership}，最终门票价格为 {int(ticket_price)} 元。')
```

运行这段代码，得到的其中一种输出结果如下。

请输入您的姓名：小明
请输入您的年龄：16
请输入农历月份：1
请输入农历日期：1
您选择了春节当天，祝您在春节游玩愉快！
请输入您的会员身份（铜卡 / 银卡 / 金卡）：银卡

以下是您的预约信息：
小明，您的年龄是 16 岁，选择的农历日期是 1 月 1 日。
恭喜您选择了春节，您将享受节日优惠！
您的会员等级是银卡，最终门票价格为 19.2 元。

回顾总结

本模块是关于 Python 编程的条件分支的概念和应用,通过一系列的任务,介绍了 if 语句的基本原理。首先,本模块讲解了条件分支语句的应用场合和语法规则、比较运算符和逻辑运算符,这些可用于表示不同情况下的条件,以对不同的数据进行比较。然后,本模块介绍了条件分支语句在实际编程中的应用场景和冒号和缩进在 Python 中的重要作用,以及 if 语句的语法规则。最后,把 if 语句与列表数据类型结合,进行元素查询和统计操作。条件分支是代码中常见和重要的控制结构,为代码的逻辑和流程增加了灵活性。

应用训练

1. 情景:小明负责牛牛社团的招新工作,今天公布录取名单。小明设计了一段查询代码,可以输入姓名,显示是否被录取。需要设计录取名单(录取名单可以用列表存储),设计询问和查询结果的显示文字。

2. 情景:小明的同学在看比赛重播,请编写一段代码,让他(她)猜某位运动员的排名。不管是否猜对,都有信息显示。如果猜错,能显示出是排名是猜高了,还是猜低了。

3. 情景:假设小明是班里的双创委员,需要统计参加活动的同学姓名,请用一个列表存储每次参加活动的同学姓名。输入姓名,能显示该同学是否参加过活动。(扩展情景:假设每次活动的学分都一样,如果该同学有参加过活动,能显示获得的总学分。)

4. 情景:某景点的门票规则如表 7-6-1 所示。小明设计了一段查询代码,输入年龄能显示门票价格。(扩展情景:输入身份证号码,显示门票价格。)

表 7-6-1   某景点的门票规则

年龄范围	价格
年龄 <6	免费
6 ≤ 年龄 <18	5 折
18 ≤ 年龄 <60	不打折
60 ≤ 年龄 <65	5 折
65 ≤ 年龄	免费

5. 情景:某网上商城开展编程类图书促销活动,单笔订单总价超过 120 元的,给予 20% 的折扣;超过 180 元的,给予 35% 的折扣;超过 250 元的,给予 50% 的折扣。编写一段代码,由用户输入订单总价,程序显示将会获得的折扣以及打折后应付的金额。

模块 8

元组

学习目标

▷ **知识目标**

1. 了解元组的概念，理解它在编程中的作用和重要性。
2. 了解创建元组和使用元组的方法。
3. 掌握访问元组中的元素、截取元组的子集的方法。
4. 理解元组和列表的异同，选择合适的数据类型进行编程。

▷ **能力目标**

1. 能够创建并初始化元组对象。
2. 能够实现元组的访问和处理。
3. 掌握有关元组的常见操作并能灵活运用于编程中。

▷ **素养目标**

1. 培养勇于探索、敢于实践的学习态度，提高发现问题、解析问题和处理问题的能力。
2. 增强文化认同，养成以发展的眼光看问题的思维习惯。
3. 培养数字化的思维和数字化建设的意识。
4. 关注国家和社会的发展，增强社会责任感和国家认同感。

模块导入

在这个模块中，将学习 Python 中另一个重要的数据结构——元组（tuple）。元组和列表类似，也是用来存储一系列元素的数据类型，但元组是不能修改的。

我国历史悠久，文化璀璨绚烂，其中《中国十大传世名画》是中国美术史的丰碑，承载着华夏民族独特的艺术气质，用色彩记录了中华绵延五千年的悠久历史和横亘万里的锦绣河山。在这个模块中，我们以研究中国十大传世名画为背景，设计了一系列任务，包括建立名画元组、查询名画信息、合并名画信息等。在实现这些任务的过程中学习如何应用元组来解决实际问题，锻炼编程技能。

思维导图

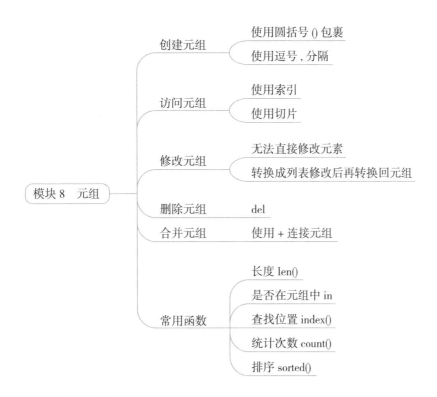

任务 8.1　建立传世名画元组

在这个任务中，我们将创建一个传世名画的元组。

1. 相关知识

元组与列表类似，可以用来存储一组相关的数据，元组中的元素可以是不同类型的数据。元组和列表的关键区别是元组是一种不可变的数据结构，也就是在创建元组之后，不能修改、添加或删除元组中的元素。

1）元组的创建

创建元组时，先将一系列的元素用逗号分隔，然后用圆括号括起来。

【例 8-1-1】创建元组

该例使用两种方法创建元组，示例代码如下。

```
1    num_list1 = [11, 22, 33, 44]
2    print(type(num_list1))
3
4    tuple1 = (1, 2, 3, 4, 5, 6, 'aa')
5    print(type(tuple1))
6    tuple2 = (1, 2, 3, 4, 5, 6, 'aa')
7    print(type(tuple2))
```

在第 1 行代码中创建了一个列表，第 4、6 行代码分别创建了一个元组，通过第 2、5、7 行可以输出对应的数据类型。运行这段代码，得到如下的输出结果。

```
<class 'list'>
<class 'tuple'>
<class 'tuple'>
```

2）元组的访问

和列表的访问类似，通过索引（index）可以访问元组中的元素，元组的索引也是从 0 开始。例如，num_tuple[0:3] 表示找出 num_tuple 中第 0 项到第 2 项，num_tuple[2:] 表示找出 num_tuple 中从第 2 项开始的所有项。

【例 8-1-2】访问元组中的元素

该例展示了使用索引和切片访问元组的方法，示例代码如下。

```
num_tuple = (1, 2, 3, 4, 5, 6)
print(num_tuple)
print(num_tuple[0])

print(num_tuple[0:3])
print(num_tuple[2:])

print(num_tuple[-1])
```

运行这段代码，得到如下输出。

```
(1, 2, 3, 4, 5, 6)
1
(1, 2, 3)
(3, 4, 5, 6)
6
```

有了这些基本知识储备就可以开始实现任务了。

2. 任务实现

在这个任务中，首先创建一个名画的元组，然后通过访问元组获取对应的名画名称，示例代码如下。

```
1    paintings = ('洛神赋图', '清明上河图', '富春山居图', '百骏图', '韩熙载夜宴图')
2
3    # 输出前 3 幅名画的名称：
4    print(f'元组中的前 3 幅名画是 :{paintings[:3]}')
5    print(f'元组中的最后一幅名画是 :{paintings[-1]}')
6    print(f'元组中的所有名画是 :{paintings}')
```

这个任务展示了如何使用元组存储一组数据，并通过索引访问元组。通过完成这个任务，我们能理解元组的基本概念以及学会如何创建和访问元组。运行这段代码，得到如下输出。

元组中的前 3 幅名画是 :(' 洛神赋图 ',' 清明上河图 ',' 富春山居图 ')

元组中的最后一幅名画是 : 韩熙载夜宴图

元组中的所有名画是 :(' 洛神赋图 ',' 清明上河图 ',' 富春山居图 ',' 百骏图 ',' 韩熙载夜宴图 ')

任务 8.2　访问嵌套元组

在这个任务中，我们将学习如何使用 Python 的元组和索引来管理数据。

1. 相关知识

元组中的元素不仅仅可以是字符串、数字，也可以是元组。如果一个父元组的元素也是元组，那么该父元组也可以被称为嵌套元组。

【例 8-2-1】嵌套元组的索引访问

该例展示了如何使用嵌套元组进行索引访问，示例代码如下。

```
1    # 创建一个嵌套元组
2    provinces = ((' 北京市 ',' 京 '), (' 上海市 ',' 沪 '), (' 广东省 ',' 粤 '), (' 重庆市 ',' 渝 '))
3
4    # 访问第一个子元组
5    first_province = provinces[0]
6    print(f' 第一个子元组 : {first_province}')
7
8    # 访问第一个子元组的第一个元素
9    province_name = first_province[0]
10   print(f' 第一个子元组的第一个元素 : {province_name}')
11
12   # 访问第一个子元组的第二个元素
13   abbr = first_province[1]
14   print(f' 第一个子元组的第二个元素 : {abbr}')
```

这段代码首先创建了一个包含多个子元组的元组，每个子元组表示一个省份和对应的简称。然后，使用索引来逐级访问这些元素。通过这些步骤，我们可以分级获取嵌套元组中的特定元素。运行这段代码，将得到如下输出。

第一个子元组 :(' 北京市 ',' 京 ')

第一个子元组的第一个元素 : 北京市

第一个子元组的第二个元素 : 京

【例 8-2-2】访问嵌套元组的元素

在这个例子中，依然使用了包含多个省份和其简称的嵌套元组，直接使用索引访问嵌套元组中的元素，示例代码如下。

```
1    provinces = (('北京市','京'),('上海市','沪'),('广东省','粤'),('重庆市','渝'))
2
3    print(f'{provinces[0][0]} 的简称是：{provinces[0][1]}')
```

在这段代码中，provinces[0][0] 表示访问元组 provinces 中的第一个元组的第一个元素，即"北京市"，provinces[0][1] 表示访问元组中的第一个元组的第二个元素，即"京"。

这段代码在不引入额外中间变量的情况下，可以快速访问嵌套元组中的元素。通过这个示例，我们能更加深入地理解如何高效地提取嵌套结构中的数据。运行这段代码，得到如下输出。

```
北京市 的简称是：京
```

有了这些基本知识储备就可以开始实现任务了。

2. 任务实现

在这个任务中，我们将使用元组存储名画的名称和作者，通过元组访问逐一显示名画和作者，示例代码如下。

```
1    paintings = [('千里江山图','王希孟'),('富春山居图','黄公望'),('清明上河图','张择端')]
2
3    print('名画及作者：')
4    print(f'名画：{paintings[0][0]} 作者：{paintings[0][1]} ')
5    print(f'名画：{paintings[1][0]} 作者：{paintings[1][1]} ')
6    print(f'名画：{paintings[2][0]} 作者：{paintings[2][1]} ')
```

运行这段代码，得到如下输出。

```
名画及作者：
名画：千里江山图 作者：王希孟
名画：富春山居图 作者：黄公望
名画：清明上河图 作者：张择端
```

通过这个任务，我们可以理解嵌套元组的访问方法。

> **知识延伸**
>
> 结合模块 7 所学的知识，编写一段代码，实现输入名画的名称，输出名画的作者，示例代码如下：
>
> ```
> 1    paintings = [('千里江山图','王希孟'),('富春山居图','黄公望'),('清明上河图','张择端')]
> 2
> 3
> 4    painting_name = input('请输入名画名称：')
> 5
> 6    if painting_name == paintings[0][0]:
> 8    elif painting_name == paintings[1][0]:
> 9      print(f'作者：{paintings[1][1]}')
> ```

```
10   elif painting_name == paintings[2][0]:
11       print(f' 作者：{paintings[2][1]}')
12   else:
13       print(' 未找到该名画及作者信息 ')
14
15
16   # 学习循环后可以使用这种方法：
17   user_input = input(' 请输入您想要查询的名画名称：')
18
19   found = False
20   for painting, artist in paintings:
21       if user_input == painting:
22           print(f'{user_input} 的作者是：{artist}')
23           found = True
24           break
25
26   if not found:
27       print(f' 没有 {user_input} 的作者信息。')
```

运行这段代码，得到如下输出。

```
请输入名画名称：千里江山图
作者：王希孟
请输入您想要查询的名画名称：清明上河图
清明上河图的作者是：张择端
```

任务 8.3　删除元组

在这个任务中，我们将学习如何删除 Python 的元组。

1. 相关知识

元组是一种不可更改的数据结构，下面将通过例题来探讨元组的不可变性以及学习如何删除元组。

【例 8-3-1】修改元组中的元素

元组一旦创建，其元素无法直接修改，在这个例子中，我们将尝试对元组中的元素进行重新赋值，以演示元组的不可更改的性质，示例代码如下。

```
1   tuple1 = (11, 22, 33, 44, 'aa')
2   tuple1[0] = 111
3   print(tuple1)
```

在第 2 行代码中，尝试把 111 赋值给索引为 0 的元素，运行这段代码会引发如下错误。

```
tuple1[0] = 111
```
~~~~~~~^^^

TypeError: 'tuple' object does not support item assignment

这个错误提示表明，元组的元素不支持赋值操作。

【例 8-3-2】删除元组

使用 del 语句可以删除整个元组，示例代码如下。

```
1    tuple1 = (11, 22, 33, 44, 'aa')
2    print(tuple1)
3    del tuple1
4    print(tuple1)
```

第 3 行代码使用 del 删除了元组，因此，执行第 4 行代码的时候，由于元组 tuple1 已经被删除，因此不能打印出来。运行这段代码会引发如下错误。

```
print(tuple1)
```
      ^^^^^^^

NameError: name 'tuple1' is not defined. Did you mean: 'tuple'?

这个错误提示表明，元组被删除后，代码中就不再存在这个元组了。

有了这些基本知识储备就可以开始实现删除元组的任务了。

2. 任务实现

在这个任务中，要删除已经存在的名画元组，示例代码如下。

```
1    paintings = (('步辇图', '阎立本'), ('五牛图', '韩滉'), ('百骏图', '郎世宁'))
2    print(f'元组中的元素：{paintings}')
3    del paintings
4    print(paintings)
```

运行这段代码，得到如下输出。

```
print(paintings)
```
      ^^^^^^^^^^

NameError: name 'paintings' is not defined

知识延伸

虽然元组不能修改，但是列表是可以修改的。因此，可以把元组转换为列表，通过列表删除元素，然后再把列表转换为元组，从而实现删除的目的。

```
1    paintings = (('步辇图', '阎立本'), ('五牛图', '韩滉'), ('百骏图', '郎世宁'))
2    print(f'元组中的元素：{paintings}')
3
4    #把元组转换为列表
5    paintings_list = list(paintings)
6
7    #删除列表中索引为 1 的元素
8    del paintings_list[1]
9
10   #把删除元素后的列表转换为元组
11   paintings = tuple(paintings_list)
12
13   #输出元组
14   print(f'删除元素后的元组：{paintings}')
```

运行这段代码，得到如下输出。

元组中的元素：[('步辇图', '阎立本'), ('五牛图', '韩滉'), ('百骏图', '郎世宁')]
删除元素后的元组：(('步辇图', '阎立本'), ('百骏图', '郎世宁'))

任务 8.4　合并元组

在这个任务中，我们将学习如何合并两个名画元组，从而得到一个更大的名画元组。

1. 相关知识

元组是不可以修改的，但是可以通过合并元组或迭代元组，实现创建新的元组或重复元组中的元素。

1）合并元组

通过 "+" 运算符可以把两个元组合并为一个新的元组。

【例 8-4-1】合并名画元组

在这个例子中，将两个元组合并为一个更大的元组，示例代码如下。

```
1    tuple1 = (1, 2, 3)
2    tuple2 = (11, 22, 33)
3    new_tuple = tuple1 + tuple2
4    print('tuple1 是：', tuple1)
5    print('tuple2 是：', tuple2)
6    print('+ 连接后是：', new_tuple)
```

第 3 行代码把 tuple1 和 tuple2 连接起来，组成一个新的元组。通过这个例子，我们可以更好地理解如何合并元组。运行这段代码，得到如下输出。

tuple1 是：(1, 2, 3)

tuple2 是：(11, 22, 33)

连接后是：(1, 2, 3, 11, 22, 33)

2）元组的迭代

元组的迭代是指将元组中的元素重复出现多次。

【例 8-4-2】元组的迭代

使用星号（*）实现对元组的迭代，示例代码如下。

```
1    tuple1 = (1, 2, 3)
2    new_tuple = tuple1 * 3
3    print(new_tuple)
```

第 2 行代码的意思是，把 tuple1 中的元素重复 3 次。通过这个例子，我们可以更好地理解如何迭代元组。运行这段代码，得到如下输出。

(1, 2, 3, 1, 2, 3, 1, 2, 3)

有了这些基本知识储备就可以开始实现合并名画元组的任务了。

2. 任务实现

在这个任务中，假设有两个名画及作者的元组，将这两个元组合并得到一个大的名画元组，示例代码如下。

```
1    paintings1 = (('千里江山图', '王希孟'), ('富春山居图', '黄公望'), ('清明上河图', '张择端'))
2    paintings2 = (('步辇图', '阎立本'), ('五牛图', '韩滉'), ('百骏图', '郎世宁'))
3
4    combined_paintings = paintings1 + paintings2
5    print(combined_paintings)
```

运行这段代码，得到如下输出。

(('千里江山图', '王希孟'), ('富春山居图', '黄公望'), ('清明上河图', '张择端'), ('步辇图', '阎立本'), ('五牛图', '韩滉'), ('百骏图', '郎世宁'))

任务 8.5　理解元组的常用函数

在这个任务中，我们将学习与元组相关的函数，从而更全面地了解元组及其用法。

1. 相关知识

1）元组长度

使用 len() 函数可以返回元组中元素的个数。

【例 8-5-1】计算元组长度

计算元组 tuple1 中的元素个数，示例代码如下。

```
1    # 元组长度: len( )
2    tuple1 = (1, 2, 3)
3    print(' 长度是: ', len(tuple1))
```

2）查询和统计元素

通过 element in tuple 可以检查元素是否在元组中；tuple.index(element) 可以返回元素在元组中的索引位置；tuple.count(element) 可以计算元组中元素出现的次数。

【例 8-5-2】判断元素是否在元组中

检查输入的数字是否为元组的元素，示例代码如下。

```
1    # 元素是否在元组中: in
2    tuple1 = (1, 2, 3)
3    user_input = int(input(' 输入想查询的: '))
4    if user_input in tuple1:
5        print(' 有 ')
6    else:
7        print(' 没有 ')
```

【例 8-5-3】获取元素在元组的位置和出现次数

在这个例子中，首先检查输入的数字是否为元组的元素，如果是，则输出其在元组中的位置和出现的次数。示例代码如下。

```
1    # 元素在元组中的位置: index( )
2    # 元素在元组中出现的次数: count( )
3    tuple1 = (1, 2, 3, 2, 666, 11, 2, 6)
4    user_input = int(input(' 输入想查询的数字: '))
5    if user_input in tuple1:
6        result = tuple1.index(user_input) + 1
7        print(' 查询的数字在第 {} 个位置 '.format(result))
8        print(' 出现了 {} 次 '.format(tuple1.count(user_input)))
9    else:
10       print(' 没有所查询的 ')
```

3）最大值与最小值

使用 max() 函数可以返回元组中的最大值。使用 min() 函数可以返回元组中的最小值。

【例 8-5-4】判断元素是否在元组中

在这个例子中，通过 max() 和 min() 函数，得到元组 tuple1 中元素的最大值和最小值，示例代码如下。

```
1    # 元组中的最大值: max( )
2    # 元组中的最小值: min( )
3    tuple1 = (1, 2, 3, 2, 666, 11, 2, 6)
```

```
4    print(' 最大值是：', max(tuple1))
5    print(' 最小值是：', min(tuple1))
```

4）元组的排序

使用 sorted() 函数可以对元组排序，返回一个新的、排序后的列表，原始元组不发生变化。

【例 8-5-5】元组排序

在这个例子中，通过对元组执行 sorted()，实现对元组中元素的排序，但这种排序不改变元素在列表的真实位置，只是显示排序的结果，示例代码如下。

```
1    # 元组临时排序
2    tuple1 = (1, 2, 3, 2, 666, 11, 2, 6)
3    print(tuple1)
4    print(sorted(tuple1))
5    print(tuple1)
```

有了这些基本知识储备就可以开始实现任务了。

2. 任务实现

在这个任务中，首先创建一个名画元组，然后计算元组的长度、检查元组中的元素，并找出指定名画在元组中的位置和出现的次数，示例代码如下。

```
1    paintings = (' 洛神赋图 ',' 五牛图 ',' 清明上河图 ',' 富春山居图 ',' 百骏图 ',' 韩熙载夜宴图 ',' 五牛图 ')
2    specific_painting = ' 五牛图 '
3
4    # 计算元组的长度
5    print(f' 元组的长度：{len(paintings)}')
6
7    # 检查元素是否在元组中
8    if specific_painting in paintings:
9        print(f'{specific_painting} 在元组中 ')
10   else:
11       print(f'{specific_painting} 不在元组中 ')
12
13   # 查找元素的索引位置
14   painting_index = paintings.index(specific_painting)
15   print(f'{specific_painting} 在元组中的索引位置是：{painting_index}')
16
17   # 计算元素出现的次数
18   painting_count = paintings.count(specific_painting)
19   print(f'{specific_painting} 在元组中出现的次数是：{painting_count}')
20
```

```
21   # 对名画名称进行排序
22   print(f'元组的排序结果：{sorted(paintings)}')
```

运行这段代码，得到如下输出。

```
元组的长度：7
五牛图在元组中
五牛图在元组中首次出现的索引位置是：1
五牛图在元组中出现的次数是：2
元组的排序结果: ['五牛图','五牛图','富春山居图','洛神赋图','清明上河图','百骏图','韩熙载夜宴图']
```

知识延伸

假如想知道在名画元组中名画名称长度的最小值和最大值，可以结合后面要学的循环创建如下代码。

```
1   max_len = max(len(painting) for painting in paintings)
2   min_len = min(len(painting) for painting in paintings)
3   print(max_len)
4   print(min_len)
```

第 1、2 行代码中的 len(painting) for painting in paintings 是一个 Python 中的生成式（又称列表推导式），用于生成一个由所有字符串的长度组成的列表。在本例中，len(painting) 表示获取字符串变量 painting 的长度，painting in paintings 表示把元组 paintings 中的每一个元素，都计算出长度，然后加入长度列表中。

len(painting) for painting in paintings 的作用是分别提出元组 paintings 中所有元素的长度，然后把这些长度组成一个新的列表。接着再分别使用 max() 和 min() 函数得到长度列表的最大值和最小值，即元组 paintings 中所有字符串长度的最大值和最小值。

任务 8.6　综合实践——美食查询系统

在这个任务中，我们将创建一个简单的中国美食查询系统，用于记录和管理各地美食的食材信息。

情景：假如你在一个旅游度假村管理办公室工作，该度假村接待中外游客，村内有一条汇集了全国各地美食的美食街。为了更好地向游客推荐各地的美食，感受我国博大精深、源远流长的美食文化，请创建一段代码，用于记录和管理这些美食的信息，以便更好地推荐中国美食。

1. 相关知识

要完成本任务需要综合应用本模块前面学到的知识。首先，根据任务 8.1 的知识，创建一个包含若干道中国著名美食及其主要食材的元组列表。然后，结合任务 8.2，展示所有美食的列表。接着，运用分支语句和任务 8.2 的知识，实现用户输入地区，获取对应美食名称。最后，参考任务 8.4，合并两个美食元组列表。这些知识在前面的任务中都有详细介绍。有了这些知识储备就可以开始解决美食查询系统任务了。

2. 任务实现

在这个任务中，首先需要创建一个包含 4 个地区和若干地区美食的元组列表，并展示所有美食。然后，显示用户输入地区的美食。最后，合并美食元组并显示合并后的美食，示例代码如下。

```python
1    # 根据任务 8.1 的知识点，创建一个包含 4 个地区和若干道地区美食的元组列表
2    famous_dishes = [(' 北京 ',' 三不粘 ',' 北京烤鸭 ',' 炒肝 '),
3              (' 上海 ',' 八宝鸭 ',' 水晶虾仁 ',' 上海红烧肉 ',' 油爆虾 '),
4              (' 广东 ',' 脆皮烧鹅 ',' 家乡酿鲮鱼 ',' 麻皮乳猪 ',' 潮汕卤鹅 '),
5              (' 天津 ',' 天津烧肉 ',' 扒全素 ',' 官烧目鱼 ',' 麻花鱼 ')]
6
7    # 结合任务 8.2 的内容，展示所有美食的列表
8    print(' 美食列表：')
9    print(f'{famous_dishes[0][0]} 的美食有：{famous_dishes[0][1:]}')
10   print(f'{famous_dishes[1][0]} 的美食有：{famous_dishes[1][1:]}')
11   print(f'{famous_dishes[2][0]} 的美食有：{famous_dishes[2][1:]}')
12   print(f'{famous_dishes[3][0]} 的美食有：{famous_dishes[3][1:]}')
13
14   # 运用分支语句和任务 8.2 的知识完成代码，实现用户输入地区，获取对应的美食名称
15   area_name = input('\n 请输入要查询哪个地区的美食：')
16   found = False
17
18   if area_name == famous_dishes[0][0]:
19      print(f'{area_name} 的美食有：', end=' ')
20      print(famous_dishes[0][1:])
21      found = True
22   elif area_name == famous_dishes[1][0]:
23      print(f'{area_name} 的美食有：', end=' ')
24      print(famous_dishes[1][1:])
25      found = True
26   elif area_name == famous_dishes[2][0]:
27      print(f'{area_name} 的美食有：', end=' ')
28      print(famous_dishes[2][1:])
29      found = True
30   elif area_name == famous_dishes[3][0]:
31      print(f'{area_name} 的美食有：', end=' ')
32      print(famous_dishes[3][1:])
33      found = True
34
35   if not found:
36      print(' 没有找到相关美食。')
37
```

```
38    # 参考任务 8.4 的操作，合并两个美食元组列表
39    more_dishes = [('重庆','水煮鱼','毛血旺','豆花','重庆火锅'),
40                   ('四川','大千干烧鱼','夫妻肺片','宫保鸡丁','四川回锅肉')]
41
42    # 合并元组列表
43    all_dishes = famous_dishes + more_dishes
44
45    # 显示合并后的美食列表
46    print()
47    print('合并后的美食列表：')
48    print(f'{all_dishes[0][0]}：{all_dishes[0][1:]}')
49    print(f'{all_dishes[1][0]}：{all_dishes[1][1:]}')
50    print(f'{all_dishes[2][0]}：{all_dishes[2][1:]}')
51    print(f'{all_dishes[3][0]}：{all_dishes[3][1:]}')
52    print(f'{all_dishes[4][0]}：{all_dishes[4][1:]}')
53    print(f'{all_dishes[5][0]}：{all_dishes[5][1:]}')
```

运行这段代码，得到如下输出。

```
美食列表：
北京的美食有：('三不粘','北京烤鸭','炒肝')
上海的美食有：('八宝鸭','水晶虾仁','上海红烧肉','油爆虾')
广东的美食有：('脆皮烧鹅','家乡酿鲮鱼','麻皮乳猪','潮汕卤鹅')
天津的美食有：('天津烧肉','扒全素','官烧目鱼','麻花鱼')

请输入要查询哪个地区的美食：广东
广东的美食有：('脆皮烧鹅','家乡酿鲮鱼','麻皮乳猪','潮汕卤鹅')

合并后的美食列表：
北京：('三不粘','北京烤鸭','炒肝')
上海：('八宝鸭','水晶虾仁','上海红烧肉','油爆虾')
广东：('脆皮烧鹅','家乡酿鲮鱼','麻皮乳猪','潮汕卤鹅')
天津：('天津烧肉','扒全素','官烧目鱼','麻花鱼')
重庆：('水煮鱼','毛血旺','豆花','重庆火锅')
四川：('大千干烧鱼','夫妻肺片','宫保鸡丁','四川回锅肉')
```

回顾总结

本模块主要的内容是 Python 的元组数据类型。首先，介绍了如何创建和操作元组，以及元组和列表的区别。然后，将元组和列表做对比，介绍元组的访问和删除、元组的合并和迭代。最后，介绍元组的常用函数，如

len()、count()、max() 和 min()、sorted() 等。

应用训练

1.二十四节气蕴含着悠久的文化内涵和历史积淀，是中华民族悠久历史文化的重要组成部分。请设计一段代码，输入节气的排名后显示对应的节气名称。

2.情景：校园辩论赛结束，每一位选手得到了辩论赛中 15 位专业评委的打分。小明编写了一段代码，使用元组存储这 15 位评委的分数，并提供下面的功能：显示有多少个评委打了分数、显示最低分和最高分、从小到大显示评委的打分。请按照同样要求设计一个程序。

3.情景：小明为一家在外卖平台开店的商家做了一款菜单管理系统，其中一个功能是输入菜品名称，能显示对应的价格。请使用元组存储菜品名称及对应的价格完成程序设计。

模块 9

字典

▷ 知识目标

1. 掌握字典的概念，了解字典在编程中的作用和重要性。

2. 理解字典的基本语法和使用方法。

3. 理解字典的常见操作方法。

▷ 能力目标

1. 能够创建字典、访问字典中的元素。

2. 掌握字典的常见操作，包括查找、添加、修改、删除字典中的元素。

3. 能够使用常见的字典方法，例如 keys()、values()、items() 等。

4. 能够使用字典创建一些应用代码。

▷ 素养目标

1. 增强创新思维能力，通过自主设计实现特定功能的代码，提高创新能力。

2. 提高沟通和合作能力，提高团队协作能力和沟通能力。

3. 培养自主学习和自我反思的能力，成为具有自主学习和自我反思能力的人才。

模块导入

在前面的模块中，学习了 Python 中的基础知识，如变量、数据类型、字符串、列表等。在本模块中，将学习另一种重要的数据结构——字典。字典是一种非常实用且高效的数据存储方式，特别适用于处理键值对（key-value pair）类型的数据。

在现实生活中，常常会遇到需要处理键值对的情况，如电话通讯录、订单信息等。因此，本模块将通过两个实际情景项目来帮助大家更好地理解字典的应用，同时思考如何利用数字手段更好地服务人民生活。

在本模块中，首先需要完成一个学生名单代码，然后完成一个简单的电话通讯录代码。通过这个项目我们可以了解字典的定义、特点，并能掌握创建字典、向字典中添加元素等基本操作。

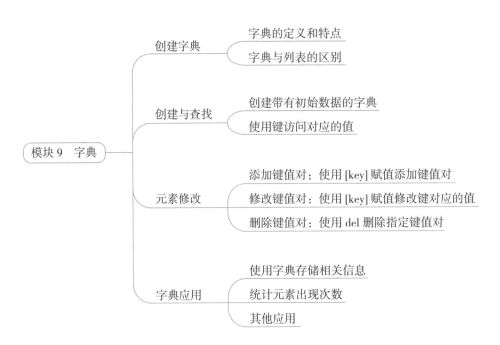

任务 9.1　建立学生名单

在这个任务中，我们将学习如何使用 Python 的字典（dictionary）数据结构建立一个简单的学生名单。

1. 相关知识

字典是一种可变的、无序的数据结构，它是一种组织元素的方式，通过关联两个值来组织元素。

1）字典的键和值

字典是用来关联两个值的数据结构，每个键值对组成字典中的一个条目（项，item）。例如，通讯录中关联了姓名和电话号码、课程成绩单中关联了姓名和成绩。

键和值的确定依据：通常情况下，键是用来查找值的。例如，需要通过姓名找电话号码，那么键是姓名，值是电话号码；需要通过姓名找成绩，那么键是姓名，值是成绩。

字典中的键应该是唯一的，而值可以是任意数据类型。

2）创建字典

可以使用以下语法来创建一个空的字典。

```
phone_numbers = {}
```

或者使用 dict() 函数。

```
phone_numbers = dict()
```

向字典中添加条目，可以采用逐个添加键值对的方式，也可以采用一次性直接添加的方式。

【例 9-1-1】逐个添加的方式建立字典

该例通过分别赋值键的方式建立字典，示例代码如下。

```
1    phone_numbers = {}
2    phone_numbers[' 张伞 '] = '13512345678'
3    phone_numbers[' 王武 '] = '13522345678'
4    print(phone_numbers)
```

在这段代码中，首先创建了一个空的字典 phone_numbers，然后使用赋值语句逐个为其添加键值对。这种方式适用于在代码运行过程中需要将数据逐个添加到字典的情况。运行这段代码，得到如下输出。

```
{' 张伞 ': '13512345678', ' 王武 ': '13522345678'}
```

【例 9-1-2】建立通讯录字典

建立包含姓名和电话的通讯录字典，示例代码如下。

```
1    phone_numbers = {
2      ' 张伞 ': '13512345678',
3      ' 王武 ': '13522345678'
4    }
5    print(phone_numbers)
```

在这段代码中，直接设置了键值对的初始数据，创建了电话通讯录字典，通过姓名可以找到电话号码。这种方式适用于已经知道字典中包含哪些数据的情况。运行这段代码，得到如下输出。

```
{' 张伞 ': '13512345678', ' 王武 ': '13522345678'}
```

通常来说，如果已经知道字典的内容，那么例 9-1-2 的方式更加简洁和清晰。如果需要在代码运行时动态添加数据，那么例 9-1-1 方式更加灵活。实践中可以根据具体的需求选择其中一种方式创建字典。

有了这些基本知识储备就可以开始实现建立学生名单的任务了。

2. 任务实现

在这个任务中，需要建立一个学生名单，其中包含了学生的学号和姓名，需要通过学号查找姓名，因此将学号作为字典中的键，将姓名作为值，示例代码如下。

```
1    # 创建带有学生信息的名单
2    student_list = {
3      '20220101': ' 张伞 ',
4      '20220102': ' 李思 ',
5      '20220201': ' 王武 '
```

```
6    }
7
8    # 打印通讯录
9    print(' 学生名单：', student_list)
```

在这个例子中，我们采用直接在字典添加学生信息的方式创建学生名单。接着，打印出学生名单的内容。通过完成这个任务，我们将了解用字典来存储和管理数据的方法。运行这段代码，得到如下输出。

学生名单： {'20220101': ' 张伞 ', '20220102': ' 李思 ', '20220201': ' 王武 '}

任务 9.2　查找学生信息

字典的查找

在完成第一个任务后，我们已经学会如何创建一个学生名单的字典了。在这个任务中，我们将学习如何在学生名单中查找信息。

1. 相关知识

1）从字典中获取值

从字典中获取值非常简单，可以通过键获取，还可以使用 get() 方法来获取值，通过 get() 方法可以避免在键不存在时引发错误。

从字典中通过键获取值的语法如下。

value = my_dictionary[key]

使用 get() 方法也可以获取值，其中 default_value 表示键不存在时提供的默认值。

value = my_dictionary.get(key, default_value)

【例 9-2-1】建立学生名单字典

在这个例子中，需要建立一个可以通过学号找姓名的学生名单的字典，示例代码如下。

```
1    student_list = {
2        '20220101': ' 张伞 ',
3        '20220102': ' 李思 ',
4        '20220201': ' 王武 '
5    }
6    print(student_list)
7
8    stu_num = input(' 请输入你要查询的学号： ')
9    print(' 学号 {} 对应的姓名是 :{}'.format(stu_num, student_list[stu_num]))
```

运行这段代码，得到如下输出。

{'20220101': ' 张伞 ', '20220102': ' 李思 ', '20220201': ' 王武 '}
请输入你要查询的学号：20220101
学号 20220101 对应的姓名是：张伞

【例 9-2-2】查找通讯录字典中的电话

在这个例子中，需要根据用户输入的姓名，从字典中找出对应的电话号码，示例代码如下。

```
1    phone_numbers = {
2      ' 张伞 ': '13512345678',
3      ' 李思 ': '13522345678'
4    }
5    name = input(' 请输入你要查询的姓名：')
6    print(phone_numbers[name])
7    print(f'{name} 的电话号码是：{phone_numbers[name]}')
```

运行这段代码，得到如下输出。

请输入你要查询的姓名：张伞
13512345678

2）字典的查找

在字典中，除了通过键查找之外，还可以通过 keys() 找出字典中的所有键，通过 values() 找出字典中的所有值，以及使用 items() 找出字典中的所有键值对。

【例 9-2-3】输出字典中的键、值和键值对

在这个例子中，要输出字典中的所有键（学生的学号）、所有值（学生的姓名），以及所有键值对（学生的学号和对应的姓名），示例代码如下。

```
1    student_list = {
2      '20220101': ' 张伞 ',
3      '20220102': ' 李思 ',
4      '20220201': ' 王武 '
5    }
6    # 找出字典中的所有键
7    print(student_list.keys())
8    # 找出字典中的所有值
9    print(student_list.values())
10   # 找出字典中的所有键值对
11   print(student_list.items())
```

在这段代码中，通过使用 keys()、values()、items() 显示字典中的不同信息。运行这段代码，得到如下输出。

dict_keys(['20220101', '20220102', '20220201'])
dict_values([' 张伞 ', ' 李思 ', ' 王武 '])

dict_items([('20220101', ' 张伞 '), ('20220102', ' 李思 '), ('20220201', ' 王武 ')])

有了这些基本知识储备就可以开始实现在学生名单中查找信息的任务了。

2.任务实现

在本任务中，我们首先要创建字典，然后通过键获取对应的值，并显示相应的信息，示例代码如下。

```
1   #创建学生名单字典，并存储三位学生的学号和姓名
2   student_list = {
3       '20220101': ' 张伞 ',
4       '20220102': ' 李思 ',
5       '20220201': ' 王武 '
6   }
7   print(student_list)
8
9   # 通过键（学号）从字典中获取姓名
10  stu_name = student_list['20220101']
11
12
13  # 打印学号和姓名
14  print(' 学号 20220101 对应的姓名是 :{}'.format(stu_name))
15
16  # 使用字典的 get() 方法获取姓名，若不存在，则返回默认值 " 没有对应的姓名 "
17  stu_name = student_list.get('20220101', ' 没有对应的姓名 ')
18
19  # 打印学号和姓名
20  print(' 学号 20220101 对应的姓名是 :{}'.format(stu_name))
```

这段代码首先创建了一个包含三位学生的名单字典，然后通过两种不同的方式（直接索引和使用 get() 方法）从字典中查找并打印 20220101 的学生姓名。

运行这段代码，得到如下输出。

```
{'20220101': ' 张伞 ', '20220102': ' 李思 ', '20220201': ' 王武 '}
学号 20220101 对应的姓名是 : 张伞
学号 20220101 对应的姓名是 : 张伞
```

如果想根据用户输入的学号查找对应的学生姓名，可以修改部分代码，修改后的示例代码如下。

```
1   student_list = {
2       '20220101': ' 张伞 ',
3       '20220102': ' 李思 ',
4       '20220201': ' 王武 '
5   }
```

```
6    print(student_list)
7
8    stu_num = input(' 请输入要查的学号: ')
9    stu_name = student_list[stu_num]
10   print(' 学号 {} 对应的姓名是 :{}'.format(stu_num, stu_name))
```

运行这段代码，得到的其中一种输出如下。

{'20220101': ' 张伞 ', '20220102': ' 李思 ', '20220201': ' 王武 '}
请输入要查的学号: 20220102
学号 20220102 对应的姓名是 : 李思

更进一步，还可以找出名单字典中的所有学号和所有姓名，以及找到所有的学号和姓名的对应关系，示例代码如下。

```
1    student_list = {
2        '20220101': ' 张伞 ',
3        '20220102': ' 李思 ',
4        '20220201': ' 王武 '
5    }
6
7    print(' 名单中包含的所有学号 :', student_list.keys())
8    print(' 名单中包含的所有姓名 :', student_list.values())
9    print(' 名单中所有学号 - 姓名 :', student_list.items())
```

运行这段代码，得到如下输出。

名单中包含的所有学号 : dict_keys(['20220101', '20220102', '20220201'])
名单中包含的所有姓名 : dict_values([' 张伞 ', ' 李思 ', ' 王武 '])
名单中所有学号 - 姓名 : dict_items([('20220101', ' 张伞 '), ('20220102', ' 李思 '), ('20220201', ' 王武 ')])

任务 9.3　添加学生信息

在完成前面两个任务后，我们已经学会如何创建一个学生名单，以及如何查找学生信息。在这个任务中，我们将学习如何添加学生信息。

1. 相关知识

在实际应用中，需要学会如何向字典中添加新的键值对，以扩充字典的内容。

1）添加字典元素

向字典中添加元素非常简单，只需要对键进行赋值即可。增加字典中的元素的语法如下。

```
my_dictionary[key] = new_value
```

2）添加字典元素的示例

【例 9-3-1】名单字典中新增元素

在这个例子中，需要在原来的名单字典中增加学号为 20220202 的赵柳同学，示例代码如下。

```
1   # 创建字典
2   student_list = {
3       '20220101': ' 张伞 ',
4       '20220102': ' 李思 ',
5       '20220201': ' 王武 '
6   }
7
8   # 输出原始的学生名单
9   print(f' 原始的学生名单 :{student_list}')
10
11  # 向学生名单中添加新的学生信息
12  student_list['20220202'] = ' 赵柳 '
13
14  # 输出更新后的学生名单
15  print(f' 更新后的学生名单 :{student_list}')
```

在这段代码中，使用任务 9.1 中创建的电话通讯录，然后，通过添加新的键值对扩充字典，最后查看更新后的学生名单信息。通过这段代码，我们能理解如何使用赋值操作向字典中添加新的数据，实现动态管理字典的数据。运行这段代码，得到如下输出。

```
原始的学生名单 :{'20220101': ' 张伞 ', '20220102': ' 李思 ', '20220201': ' 王武 '}
更新后的学生名单 :{'20220101': ' 张伞 ', '20220102': ' 李思 ', '20220201': ' 王武 ', '20220202': ' 赵柳 '}
```

有了这些基本知识储备就可以开始实现增加学生信息的任务了。

2. 任务实现

根据用户输入的学号和姓名，在字典中增加对应的学生信息，示例代码如下。

```
1   student_list = {
2       '20220101': ' 张伞 ',
3       '20220102': ' 李思 ',
4       '20220201': ' 王武 '
5   }
6   print(student_list)
7
8   stu_num = input(' 请输入要增加的学号： ')
9   stu_name = input(' 请输入要增加的姓名： ')
```

```
10    student_list[stu_num] = stu_name
11    print(student_list)
```

在这段代码中，建立字典后，把用户输入的键和值增加到原有的字典中。运行这段代码，得到如下输出。

```
{'20220101': ' 张伞 ', '20220102': ' 李思 ', '20220201': ' 王武 '}
请输入要增加的学号：20220202
请输入要增加的姓名：赵柳
{'20220101': ' 张伞 ', '20220102': ' 李思 ', '20220201': ' 王武 ', '20220202': ' 赵柳 '}
```

任务 9.4 修改学生名单

在完成前面两个任务后，我们已经学会了如何创建一个学生名单，并向其中添加学生信息。在这个任务中，将学习如何修改学生名单中的学生信息。

1. 相关知识

在实际应用中，常常需要更新字典中的信息，例如，当学生的姓名发生变化时，需要修改字典中相应学号的姓名。为了满足这种需求，我们需要学会如何修改字典中的值。

修改字典中的值非常简单，只需要通过键来引用值，然后对其进行赋值操作即可。修改字典中的值的语法如下。

字典的修改

```
my_dictionary[key] = new_value
```

这个操作会将指定键对应的值更新为新的值。这在实际应用中非常有用，特别是在需要更新记录或数据时。

有了这些基本知识储备就可以开始实现修改学生名单的任务了。

2. 任务实现

在这个任务中，需要修改李思的姓名，示例代码如下。

```
1     # 创建字典并输出
2     student_list = {
3         '20220101': ' 张伞 ',
4         '20220102': ' 李思 ',
5         '20220201': ' 王武 '
6     }
7     print(' 修改前的学生名录：', student_list)
8
9     # 修改学生名单中学号 20220102 的学生姓名
10    student_list['20220102'] = ' 李思思 '
```

```
11
12    #输出更新后的学生名单
13    print(' 修改后的学生名录：', student_list)
```

在这个例子中，使用任务 9.1 中创建的名单，然后更新李思的姓名，最后查看更新后的学生信息。运行这段代码，得到如下输出。

修改前的学生名录： {'20220101': ' 张伞 ', '20220102': ' 李思 ', '20220201': ' 王武 '}

修改后的学生名录： {'20220101': ' 张伞 ', '20220102': ' 李思思 ', '20220201': ' 王武 '}

任务 9.5   删除学生信息

在完成前面四个任务后，已经学会如何创建一个学生名单，以及如何查找、添加、修改学生信息。在这个任务中，要学习如何删除学生名单中的学生信息。

1.相关知识

在实际应用中，可能需要删除学生名单中的某条学生信息。为了实现这个功能，我们需要学会如何删除字典中的条目。

删除字典中的条目非常简单，只需要通过键来引用值，然后对其进行赋值操作即可。删除字典中的某个条目的语法如下。

del my_dictionary[key]

删除字典中的所有条目的语法如下。

my_dictionary.clear()

【例 9-5-1】字典的删除

在这个例子中，需要删除学号为 20220101 的学生并清空字典，示例代码如下。

```
1     student_list = {
2        '20220101': ' 张伞 ',
3        '20220102': ' 李思 ',
4        '20220201': ' 王武 '
5     }
6
7     del student_list['20220101']
8     print(student_list)
9
10    student_list.clear()
11    print(student_list)
```

运行这段代码，得到如下输出。

{'20220102': ' 李思 ', '20220201': ' 王武 '}

{}

运行结果中的 {} 表示这是一个空的字典。

有了这些基本知识储备就可以开始实现删除学生信息的任务了。

2. 任务实现

根据用户输入的学号，删除对应的学生信息，示例代码如下。

```
1    student_list = {
2      '20220101': ' 张伞 ',
3      '20220102': ' 李思 ',
4      '20220201': ' 王武 '
5    }
6    print(' 全部学生信息：', student_list)
7
8    student = input(' 请输入想删除的学号：')
9    del student_list[student]
10   print(' 现在的学生信息：', student_list)
```

运行这段代码，得到如下输出。

全部学生信息：　{'20220101': ' 张伞 ', '20220102': ' 李思 ', '20220201': ' 王武 '}

请输入想删除的学号：20220101

现在的学生信息：　{'20220102': ' 李思 ', '20220201': ' 王武 '}

任务 9.6　综合实践——创建和管理 QQ 通讯录

创建一个简单的 QQ 通讯录字典，用于记录木雕工艺大师的 QQ 号码。

情景：假如你刚刚参观了一场木雕工艺艺术特展，其中展示了很多精美的木雕作品，你被这种传统工艺深深吸引。在特展结束后，你想记录下这些大师的 QQ 号码，以便以后可以与他们取得联系，请编写一段代码管理通讯录。

1. 相关知识

要完成这个任务需要综合应用本模块前面学到的知识。首先，建立一个包含三位大师的 QQ 通讯录字典。然后查找大师的 QQ 号码并在 QQ 通讯录中增加大师的信息。接着参考任务 9.4 的代码修改某位大师的 QQ 号码。最后，删除某位大师的联系信息，并打印删除后的通讯录。这些知识在前面的任务中都有详细介绍。有了这些知识储备就可以开始实现创建和管理 QQ 通讯录的任务了。

2. 任务实现

按照设定的需求完成代码，示例代码如下。

```python
1    # 初始化一个有三位大师的 QQ 号的 QQ 通讯录字典
2    qqbook = {
3        " 张大师 ":"123456789",
4        " 李大师 ":"234567890",
5        " 王大师 ":"345678901"
6    }
7
8    # 打印初始 QQ 通讯录
9    print(" 初始时的 QQ 通讯录：", qqbook)
10
11   # 查找张大师的 QQ 号码
12   if " 张大师 " in qqbook:
13       print(" 张大师的 QQ 号码：", qqbook[" 张大师 "])
14   else:
15       print(" 联系人未找到 ")
16
17   # 增加陈大师的 QQ 号码
18   if " 陈大师 " in qqbook:
19       print(" 已经有陈大师的 QQ 号码：")
20   else:
21       qqbook[" 陈大师 "] = "456789012"
22       print(" 陈大师的 QQ 号码：", qqbook[" 陈大师 "])
23
24   # 修改张大师的 QQ 号码
25   if " 张大师 " in qqbook:
26       qqbook[" 张大师 "] = "987654321"
27   else:
28       print(" 联系人未找到 ")
29   print(" 更新张大师的 QQ 号码：", qqbook[" 张大师 "])
30
31   # 删除王大师的联系信息
32   if " 王大师 " in qqbook:
33       del qqbook[" 王大师 "]
34   else:
35       print(" 联系人未找到 ")
36   print(" 删除王大师后的 QQ 通讯录：", qqbook)
37
38   # 查询李大师的 QQ 号码
39   qq_number = qqbook.get(" 李大师 "," 联系人未找到 ")
```

```
40   print(" 李大师的 QQ 号码：", qq_number)
41
42   # 查询不存在的联系人 QQ 号码
43   qq_number = qqbook.get(" 吴大师 ", " 联系人未找到 ")
44   print(" 吴大师的 QQ 号码：", qq_number)
```

运行这段代码，得到如下输出：

初始时的 QQ 通讯录：　{' 张大师 ': '123456789', ' 李大师 ': '234567890', ' 王大师 ': '345678901'}

张大师的 QQ 号码：　123456789

陈大师的 QQ 号码：　456789012

更新张大师的 QQ 号码：　987654321

删除王大师后的 QQ 通讯录：　{' 张大师 ': '987654321', ' 李大师 ': '234567890', ' 陈大师 ': '456789012'}

李大师的 QQ 号码：　234567890

吴大师的 QQ 号码：　联系人未找到

回顾总结

本模块讲解了 Python 的字典数据类型。首先介绍了字典的概念和创建方法。然后，讲述了如何利用 key 访问字典中的特定条目，以及借助字典的 keys() 和 values() 方法实现对字典数据的检索与管理。最后，介绍了向字典中添加新条目、修改现有条目的值，以及如何有效地移除字典中的数据。

应用训练

1. 设置一个包含 15 个数字的字典，代表辩论赛中 15 位专业评委的打分。输入评委的名字可以显示这个评委给出的分数。

2. 情景：小明是学习委员，任课老师经常向小明询问某个学号的同学的姓名。请编写一段代码，输入学号就可以显示对应的姓名，程序也能一次显示全班同学的名字。

3. 情景：小明有个亲戚的小孩在学习成语，请编写一段代码，输入成语，可以显示成语的解释。

4.（拓展练习）情景：在校运会的某项比赛中设置了奖励等级和奖品，小明编写了一段代码，让用户可以选择通过输入等级查询奖品，可以通过输入奖品知道对应的等级，也可以查到所有的等级或者奖品。

模块 10

循环的应用

▷ **知识目标**

    1. 理解循环的概念和其在编程中的作用。

    2. 理解 for 循环和 while 循环的语法和使用方法。

    3. 理解循环的控制语句，学习 break 和 continue 的用法。

▷ **能力目标**

    1. 能够使用 for 循环和 while 循环实现代码的循环控制，了解 for 循环与 while 循环的异同。

    2. 能够熟练使用循环的控制语句，包括 break 和 continue。

    3. 能够灵活运用循环语句，掌握常见的循环控制技巧，避免常见的错误。

▷ **素养目标**

    1. 提高对问题的敏感度和解决问题的能力，培养通过循环优化代码的思维习惯。

    2. 培养系统思维能力，加深对计算机科学的理解，增强对数字化建设的认识。

模块导入

    在这一模块中，我们将学习一种非常实用的语法——循环。循环是编程中的重要概念，可以高效地执行重复的任务，节省编写代码的时间。

    随着数字经济的蓬勃发展，电商、数字化等概念逐渐渗透到日常生活中，通过电商平台可以帮助农民售卖所种植的产品，实现科技助农。为了更好地理解循环的应用，本模块以一个售卖多地特色水果的电商店铺的商品价格管理系统为背景，设计了一系列任务，包括创建水果价格字典、展示所有水果、统计水果总价格、水果价格查询、表达对水果的喜爱等。在完成这些任务的过程中我们可以学会应用循环来解决实际问题，提高编程技能，并理解数字化的意义。

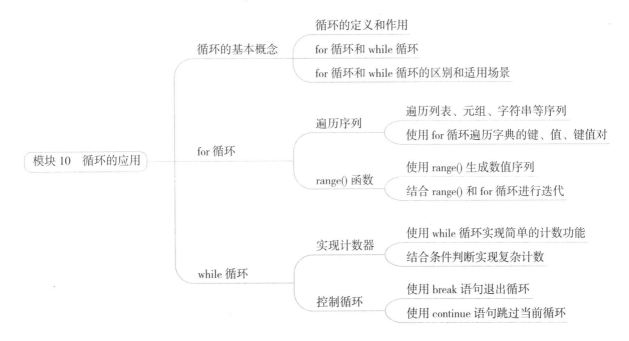

任务 10.1　使用循环创建水果价格字典

在这个任务中，我们将学习如何使用循环结构创建一个包含水果价格的字典。

1.相关知识

循环是编程中的一个重要概念，它用于重复执行相同的代码块，直到满足某个条件为止。在 Python 中，有两种基本的循环结构：for 循环和 while 循环。for 循环通常用于遍历序列（如列表、元组等）中的元素，而 while 循环常用于在满足某个条件时反复执行代码块。

什么是循环

1）for 循环

for 循环是一种重复执行特定代码块的结构。以下是 for 循环的一般语法。

```
for 变量 in 序列：
    # 执行循环体的代码
```

在这个结构中，"变量" 表示当前迭代的元素，而 "序列" 可以是列表、元组、字符串等。循环将遍历序列中的每个元素，并执行循环体中的代码。

【例 10-1-1】使用 for 循环遍历字符串

使用 for 循环遍历字符串中的每个字符，然后逐个打印出来，示例代码如下。

```
1    message = 'hello Python'
2    for item in message:
3        print(item)
```

这段代码将输出字符串 message 中的每个字符，每个字符占一行。

知识延伸

运行代码后将逐行输出 message 中的每一个字符。针对这段代码，还可以尝试做以下修改。

```python
# 尝试 1
message = 'hello Python'
for item in message:
    print(item, end='')
# 尝试 2
message = 'hello Python'
i = 1
for item in message:
    print(f'{i}:{item}')
    i += 1
```

请尝试分别运行，观察结果的差异。

【例 10-1-2】使用 for 循环实现多次输出

在日常生活中经常听到这句话：重要的事情说三遍。如果编写成 Python 代码，示例代码如下。

```
1    print(' 重要的事情说三遍 ')
2    print(' 重要的事情说三遍 ')
3    print(' 重要的事情说三遍 ')
```

使用 for 循环也可以实现相同的效果，示例代码如下。

```
1    # 使用 for 循环实现
2    for i in range(3):
3        print(' 重要的事情说三遍 ')
```

运行这段代码，得到如下输出。

```
重要的事情说三遍
重要的事情说三遍
重要的事情说三遍
```

2）while 循环

while 循环是一种基于条件判断的循环结构，它会一直重复执行代码块，直到条件不再满足。以下是 while 循环的一般语法。

```
while 条件 :
    # 执行循环体的代码
```

在这个结构中，当条件为 True（即满足条件），循环体中的代码会被执行。如果在循环体执行完毕后，条件仍然为 True，循环将继续执行，直到条件为 False 才会停止。

【例 10-1-3 】使用 while 循环实现累加

使用 while 循环计算 11 到 15 的累加和，示例代码如下。

```
1    total = 0
2    i = 11
3    while i <= 15:
4        total += i
5        i += 1
6    print(f'11 到 15 的累加和是：{total}')
```

在这段代码中，初始化了一个变量 total 用于累加和，然后使用 while 循环来重复执行累加的操作，直到 i 大于 15 时停止循环。循环体中的代码会不断累加 i 的值到 total 中，然后 i 逐步递增。运行这段代码，将得到如下输出。

11 到 15 的累加和是：65

【例 10-1-4 】使用 while 循环实现多次输出

```
1    # 使用 while 实现
2    i = 1
3    while i <= 3:
4        print(' 重要的事情说三遍 ')
5        i = i+1
6        # i += 1
```

这段代码将输出"重要的事情说三遍"三次，与例 10-1-2 的效果相同。每次循环，i 的值递增，当 i 大于等于 3 时，循环终止。运行这段代码，得到如下输出。

重要的事情说三遍
重要的事情说三遍
重要的事情说三遍

遍历其实是指一种逐个访问的过程。在编程中，经常需要处理一系列数据，如列表、字典等。遍历就是指依次访问这些数据中的每一个元素，对它们进行查看或操作。

举个简单的例子，比如有一个装满不同颜色小球的盒子。遍历这个盒子就像是用手逐个拿出每个小球，查看它们的颜色，然后再把它们放回原来的位置。在编程中，常用循环遍历一个列表或其他数据结构中的元素，对它们进行操作。

通过遍历，可以更方便地处理数据，如计算总和、查找特定元素或者对元素进行排序等。总之，遍历是编程中常用的一种处理数据的方式。

创建水果价格字典

有了这些基本知识储备就可以开始实现使用循环创建水果价格字典的任务了。

2. 任务实现

在这个任务中，我们将使用 for...in 循环遍历一个水果名称的列表，让用户为每种水果输入价格，并将水果名称和价格存储在一个字典中，示例代码如下。

```
1   fruit_prices = {}
2   fruits = [" 云南枇杷 "," 安岳柠檬 "," 云南蓝莓 "," 南沙番石榴 "," 信宜三华李 "]
3
4   for fruit in fruits:
5       fruit_price = float(input(f" 请输入 {fruit} 的价格："))
6       fruit_prices[fruit] = fruit_price
7
8   print(" 水果价格字典： ", fruit_prices)
```

在这段代码中，需要建立一个水果价格字典。首先，需要设定一组水果名称。然后，使用 for...in 循环逐个让用户输入对应的水果价格，创建一个包含水果名称（键）和价格（值）的字典。运行这段代码，得到如下输出。

请输入 云南枇杷 的价格：32.9
请输入 安岳柠檬 的价格：11.9
请输入 云南蓝莓 的价格：105.9
请输入 南沙番石榴 的价格：8.9
请输入 信宜三华李 的价格：38.9
水果价格字典： {' 云南枇杷 ': 32.9, ' 安岳柠檬 ': 11.9, ' 云南蓝莓 ': 105.9, ' 南沙番石榴 ': 8.9, ' 信宜三华李 ': 38.9}

任务 10.2   展示所有水果

在这个任务中，我们将学习如何使用 Python 的循环结构遍历字典，以展示所有水果的名称。

1. 相关知识

for 遍历对象

在 Python 中，遍历是指逐一访问数据结构中的每个元素。对于字典这种数据结构，可以使用 for 循环来遍历它的键、值或者键值对。通过这样的操作，可以逐个处理字典中的元素，执行相应的操作。下面学习在遍历字典时常用的三种方法。

1）遍历字典的键

使用 dict.keys() 方法可以遍历字典的键。

【例 10-2-1】获取字典的键

假设有一个包含学生姓名和对应分数的字典，需要显示所有的学生姓名，示例代码如下。

```
1    stu_scores = {
2      '张伞': 85,
3      '李思': 95,
4      '王武': 98
5    }
6
7    print(' 本班的学生名单如下：')
8    for student in stu_scores.keys():
9        print(student)
```

在这段代码中，运用 stu_scores.keys() 获取字典的键（学生姓名），然后使用 for 循环逐一遍历每个键。运行这段代码，得到如下输出。

```
本班的学生名单如下：
张伞
李思
王武
```

2）遍历字典的值

使用 dict.values() 方法可以遍历字典的值。

【例 10-2-2】获取字典的值

假设有一个包含学生姓名和对应分数的字典，需要显示所有的学生成绩，示例代码如下。

```
1    stu_scores = {
2      '张伞': 85,
3      '李思': 95,
4      '王武': 98
5    }
6
7    print(' 本班的成绩如下：')
8    for score in stu_scores.values():
9        print(score)
```

在这段代码中，运用 stu_scores.values() 获取字典的所有值（成绩），然后使用 for 循环逐一遍历每个值。运行这段代码，得到如下输出。

```
本班的成绩如下：
85
95
98
```

3）遍历字典的键值对

使用 dict.items() 方法可以遍历字典的键值对。

【例 10-2-3】同时获取字典的键和值

假设有一个包含学生姓名和对应分数的字典，需要显示所有的学生姓名和对应的成绩，示例代码如下。

```
1    stu_scores = {
2        ' 张伞 ': 85,
3        ' 李思 ': 95,
4        ' 王武 ': 98
5    }
6
7    print(' 每位学生的成绩如下： ')
8    for stu, score in stu_scores.items():
9        print(f'{stu} 的成绩是：{score}')
```

在这段代码中，运用 stu_scores.items() 获取字典的键值对，然后使用 for 循环逐一遍历每个键值对。运行这段代码，得到如下输出。

```
每位学生的成绩如下：
张伞的成绩是：85
李思的成绩是：95
王武的成绩是：98
```

有了这些基本知识储备就可以开始实现展示所有水果的任务了。

展示所有水果

2. 任务实现

在这个任务中，有一个包含水果价格的字典 fruit_prices，需要使用 for 循环来遍历字典的键，也就是水果的名称，从而展示所有水果的名称，示例代码如下。

```
1    fruit_prices = {
2        " 云南枇杷 ": 32.9,
3        " 安岳柠檬 ": 11.9,
4        " 云南蓝莓 ": 105.9,
5        " 南沙番石榴 ": 8.9,
6        " 信宜三华李 ": 38.9
7    }
8
9    print(" 水果列表： ")
10
```

```
11    for fruit in fruit_prices.keys():
12        print(fruit, end=' ')
```

这段代码中，使用 for 循环和字典的 keys() 方法遍历字典的键，然后打印出每种水果的名称。通过完成这个任务，我们可以理解如何使用循环结构来遍历字典，以及如何展示字典中的所有键。运行这段代码，得到如下输出。

水果列表：
云南枇杷 安岳柠檬 云南蓝莓 南沙番石榴 信宜三华李

知识延伸

可以使用 join() 方法将字典的键连接起来，并用"、"分隔，示例代码如下。

```
1    fruit_prices = {
2        " 云南枇杷 ": 32.9,
3        " 安岳柠檬 ": 11.9,
4        " 云南蓝莓 ": 105.9,
5        " 南沙番石榴 ": 8.9,
6        " 信宜三华李 ": 38.9
7    }
8
9    print(" 水果列表： ")
10
11    fruit_list = list(fruit_prices.keys())
12    fruit_string = ' 、 '.join(fruit_list)
13    print(fruit_string)
```

运行这段代码，得到如下输出。

水果列表：
云南枇杷、安岳柠檬、云南蓝莓、南沙番石榴、信宜三华李

任务 10.3　创建水果价格列表

在这个任务中，我们将结合列表的知识，学习如何使用 Python 的循环结构遍历字典，以将所有水果的价格提取到一个列表中。

1. 相关知识

在 Python 中，列表是一种有序的、可变的数据结构，可以用来存储多个值。可以使用循环遍历字典的值，将这些值添加到一个新的列表中。为了将字典中的值添加到列表中，可以使用 append() 方法。append() 方法可以将一个元素添加到列表的末尾。

【例 10-3-1】使用循环向列表添加元素

使用循环把数字添加到原有的列表中,示例代码如下。

```
1    #使用循环向列表添加元素
2    numbers = [1, 2, 3]
3
4    #使用循环添加数字 4 到列表
5    for i in range(4, 7):
6        numbers.append(i)
7
8    print(numbers)
```

在这段代码中,首先创建一个包含数字 1、2 和 3 的列表。然后,使用 for 循环从 4 循环到 6(包括 4 和 6),并将每个数字添加到列表中。最后,通过 print 语句输出修改后的列表。运行这段代码,得到如下输出。

[1, 2, 3, 4, 5, 6]

有了这些基本知识储备就可以开始实现创建水果价格列表的任务了。

创建水果价格列表

2. 任务实现

在这个任务中,我们需要从水果价格的字典中提取所有水果的价格并存放到一个列表中,以方便以后的分析。示例代码如下。

```
1    fruit_prices = {
2        "云南枇杷 ": 32.9,
3        "安岳柠檬 ": 11.9,
4        "云南蓝莓 ": 105.9,
5        "南沙番石榴 ": 8.9,
6        "信宜三华李 ": 38.9
7    }
8
9    #创建一个空列表,用于存储水果的价格
10   price_list = []
11
12   #遍历字典的值(价格),然后添加到价格列表中
13   for price in fruit_prices.values():
14       price_list.append(price)
```

```
15
16   # 输出价格列表
17   print(price_list)
```

在这段代码中，已经有一个包含水果价格的字典 fruit_prices，然后使用 for 循环和 values() 方法遍历字典的值（水果价格），并使用 append() 方法将价格添加到新的列表 prices_list。通过完成这个任务，可以理解使用循环结构遍历字典的方法。

运行这段代码，得到如下输出。

```
[32.9, 11.9, 105.9, 8.9, 38.9]
```

任务 10.4　用星号表示水果价格

列表控制输出符号

在这个任务中，我们将学习如何使用 Python 的循环结构和字符串重复操作，将水果价格用星号表示。

1. 相关知识

在 Python 中，可以使用字符串的乘法操作来表示字符串的重复。这是一种非常有用的操作，特别是当需要创建重复模式、生成一定数量的字符或在文本中添加装饰性元素时。

字符串的乘法操作的基本语法如下。

```
result = string * n
```

其中，string 表示要重复出现的字符串，n 表示重复的次数。通过将 string 与 n 相乘，可以生成一个包含 n 个 string 的新字符串。

【例 10-4-1】生成一定数量的星号

生成一个由 15 个星号组成的字符串，示例代码如下。

```
1    stars = '*' * 15
2    print(stars)
```

在这段代码中，使用乘法操作将星号 * 重复了 15 次，从而生成了一个包含 15 个星号的字符串。这种方法在编程中经常用于创建分隔线、装饰性文本或其他需要字符重复的情况。运行这段代码，得到如下输出。

```
***************
```

【例 10-4-2】生成装饰性文本

在文本的前后添加装饰性的元素，示例代码如下。

```
1    title = ' 学习 Python'
2
3    deco_char = '-' * 10
```

```
4    decor_title = deco_char + title + deco_char
5
6    print(decor_title)
```

在这段代码中，使用乘法操作将减号重复显示，作为文本的装饰元素，从而在输出中突出文本，提高文本的可读性和吸引力。运行这段代码，得到如下输出。

---------- 学习 Python----------

有了这些基本知识储备就可以开始实现用星号表示水果价格的任务了。

用星号表示水果价格

2. 任务实现

本任务需要将水果价格用 * 号表示，根据每种水果的价格生成对应数量的星号，把价格除以 10 后取整得到的数作为星号的数量，从而通过可视化的方式比较不同水果的价格，示例代码如下。

```
1    fruit_prices = {
2      " 云南枇杷 ": 32.9,
3      " 安岳柠檬 ": 11.9,
4      " 云南蓝莓 ": 105.9,
5      " 南沙番石榴 ": 8.9,
6      " 信宜三华李 ": 38.9
7    }
8
9    for fruit, price in fruit_prices.items():
10     stars = int(price / 10)
11     print(fruit + ": " + "*" * stars)
```

在这段代码中，首先使用 for 循环遍历 fruit_prices_list 列表，然后将每个水果的价格除以 10，然后将结果四舍五入为整数，以确定需要生成的星号数量。接着，使用字符串的乘法操作生成相应数量的星号，并打印出结果。通过完成这个任务理解如何使用循环结构和字符串重复操作，将数据用可视化的方式表示。

运行这段代码，得到如下输出。

云南枇杷 :***
安岳柠檬 :*
云南蓝莓 :***********
南沙番石榴 :
信宜三华李 :***

任务 10.5　统计水果总价格

在这个任务中，我们将学习如何使用 Python 的循环结构来统计水果的总价格。

1. 相关知识

在 Python 中，可以使用循环结构遍历一个列表或字典，并对其中的元素进行操作。

【例 10-5-1】累加列表中的元素

使用 for 循环遍历一个列表，然后累加列表中的元素值，示例代码如下。

```
1    prices = [32.9, 11.9, 105.9, 8.9, 38.9]
2
3    # 总价的初始值为 0
4    total_price = 0
5
6    # 统计循环算出价格
7    for price in prices:
8        # 在循环内部，将当前价格累加到总价格上
9        total_price = total_price + price
10
11   # 输出总价格
12   print(f' 水果总价格：{total_price} 元 ')
```

在这段代码中，各种水果的价格存储在价格列表 prices。创建变量 total_price，初始值设为 0，用来存储所有价格的总和。利用 for 循环遍历价格列表中的每一个价格。循环内部将总价的当前值加上列表中的当前价格，然后再赋值给总价，在每次循环时更新总价 total_price。

运行这段代码，得到如下输出。

水果总价格：198.5 元

有了这些基本知识储备就可以开始实现统计水果总价格的任务了。

2. 任务实现

在这个任务中，使用循环累加字典中的值，计算所有水果的总价格，示例代码如下。

```
1    fruit_prices = {
2        " 云南枇杷 ": 32.9,
3        " 安岳柠檬 ": 11.9,
4        " 云南蓝莓 ": 105.9,
5        " 南沙番石榴 ": 8.9,
6        " 信宜三华李 ": 38.9,
7    }
8
```

```
9     prices = []
10    for price in fruit_prices.values():
11        prices.append(price)
12    # 以上运用的是任务 10.3 中所学知识，结果为 prices = [32.9, 11.9, 105.9, 8.9, 38.9]
13
14    # 总价的初始值为 0
15    total_price = 0
16
17    # 统计循环算出价格
18    for price in prices:
19        total_price = total_price + price
20
21    print(f' 水果总价格：{total_price} 元 ')
```

在这段代码中，首先应用了任务 10.3 所学的知识，从 fruit_prices 字典中提取价格并添加到 prices 中。

然后，初始化一个变量 total_price，用于存储总价格。接着，使用 for 循环遍历 fruit_prices 字典的值，并将每个价格累加到 total_price 上。最后，打印出总价格。

运行这段代码，得到如下输出。

水果总价格：198.5 元

知识延伸

要得到水果总价格，也可以运用任务 10.2 中所学知识，通过 values() 获取字典中的值，然后计算总价。示例代码如下。

```
1     fruit_prices = {
2         " 云南枇杷 ": 32.9,
3         " 安岳柠檬 ": 11.9,
4         " 云南蓝莓 ": 105.9,
5         " 南沙番石榴 ": 8.9,
6         " 信宜三华李 ": 38.9
7     }
8     total_price = 0
9     for price in fruit_prices.values():
10        total_price += price
11    print(" 水果总价格：", total_price)
```

任务 10.6　表达对水果的喜爱

在这个任务中，我们将学习如何使用 Python 的循环结构来表达对水果的喜爱。

1. 相关知识

循环结构在编程中非常重要，它可以简化代码，减少重复的操作。在 Python 中，可以使用 for 循环来遍历一个列表、元组或其他可迭代的对象，并对其中的元素进行操作。

【例 10-6-1】使用 for 循环遍历一个列表

使用 for 循环遍历列表，根据列表中的元素生成一条表达喜爱的语句，示例代码如下。

```
for i in ['冰墩墩','雪容融','福娃']:
    print(i, " 是我喜欢的！")
```

在这段代码中，for 循环遍历列表时会根据列表中有多少项，确定要循环多少次。运行这段代码，得到如下输出。

```
冰墩墩 是我喜欢的！
雪容融 是我喜欢的！
福娃 是我喜欢的！
```

有了这些基本知识储备就可以开始实现表达对水果的喜爱的任务了。

2. 任务实现

在这个任务中，需要表达对水果的喜爱。首先，创建一个包含水果名称的列表。然后，使用 for 循环遍历列表，并根据每个水果名称生成一条表达喜爱的语句，示例代码如下。

```
favorite_fruits = ['云南枇杷','安岳柠檬','云南蓝莓']
for fruit in favorite_fruits:
    print(fruit,'是我喜欢的水果')
```

在这段代码中，我们创建了一个包含水果名称的列表 favorite_fruits。接着，使用 for 循环遍历 favorite_fruits 列表，并为每个水果打印一条表达喜爱的语句。通过完成这个任务，我们能理解如何使用循环结构遍历列表，并在实际问题中应用编程知识。运行这段代码，得到如下输出。

```
云南枇杷 是我喜欢的！
安岳柠檬 是我喜欢的！
云南蓝莓 是我喜欢的！
```

任务 10.7 计算不同数量水果的总价

在这个任务中，我们将学习如何使用 Python 的 range() 函数和循环结构计算购买不同数量水果的总价。

1. 相关知识

在 Python 中，可以使用 for 循环来生成一系列数字。通常使用 range() 函数结合 for 循环来创建一定范围内的数字序列。生成的这个序列可以用于执行循环操作，如遍历列表、执行一定次数的操作等。

range 函数

1）range() 函数的基本语法

range() 函数是 Python 的内置函数，可以用于生成一个整数序列。它常与循环结构一起使用，用于在一定范围内重复执行特定操作。range() 函数的基本语法如下。

```
range( 初始值 , 结束值 , 步长 )
```

range() 函数生成一个从"初始值"到"结束值 -1"的整数序列，其中初始值默认是 0，包含在生成的序列中，结束值不包含在序列中，步长默认为 1。

2）range() 函数生成列表

使用 range() 函数可以自动生成列表。range(1,4) 表示生成一个列表 [1,2,3]。

【例 10-7-1】使用 range() 的默认步长生成数值序列

在这个例子中，需要生成从 1 到 3 的数字，示例代码如下。

```
for i in range(1, 4):
    print(i)
```

在这段代码中，使用 range(1, 4) 生成了一个从 1 到 3 的整数序列，步长为 1。然后，使用 for 循环遍历这个序列，并打印出每个元素。运行这段代码，得到如下输出。

```
1
2
3
```

【例 10-7-2】使用 range() 的初始值生成数值序列

在这个例子中，使用默认初始值生成数值序列，示例代码如下。

```
for i in range(10):
    print(i, end=' ')
```

在这段代码中，使用 range(10) 生成了一个从 0 到 9 的整数序列，步长为 1。然后，使用 for 循环输出每个元素，输出时每个元素使用空格分隔。运行这段代码，得到如下输出。

```
0 1 2 3 4 5 6 7 8 9
```

【例 10-7-3】使用 range() 时指定步长生成数值序列

在这个例子中，需要生成步长为 3 的数字序列，示例代码如下。

```
for i in range(1, 10, 3):
    print(i, end=' ')
```

在这段代码中，使用 range(1,10,3) 生成了一个从 1 开始，以 3 为步长的整数序列，然后使用 for 循环输出每个元素。运行这段代码，得到如下输出。

```
1 4 7
```

【例 10-7-4】使用 range() 生成逆向序列

在这个例子中，需要生成逆向的数字序列，示例代码如下。

```
for i in range(10, 1, -1):
    print(i, end=' ')
```

在这段代码中，设置步长为 -1，生成从 10 到 2 的逆向的整数序列，然后使用 for 循环输出每个元素。运行这段代码，得到如下输出。

10 9 8 7 6 5 4 3 2

【例 10-7-5】使用 range() 生成奇数数值序列

在这个例子中，需要利用指定的步长，获得奇数数值序列，示例代码如下。

```
for i in range(1, 50, 2):
    print(i, end=' ')
```

在这段代码中，设置步长为 2，生成从 1 ~ 49 的奇数序列，然后使用 for 循环输出每个元素。运行这段代码，得到如下输出。

1 3 5 7 9 11 13 15 17 19 21 23 25 27 29 31 33 35 37 39 41 43 45 47 49

有了这些基本知识储备就可以开始实现计算不同数量水果的总价的任务了。

不同数量水果的总价

2. 任务实现

在这个任务中，我们将使用 range() 函数和 for 循环来计算购买不同数量水果的总价，示例代码如下。

```
1   fruit_prices = {
2       " 云南枇杷 ": 32.9,
3       " 安岳柠檬 ": 11.9,
4       " 南沙番石榴 ": 8.9
5   }
6
7   fruit_name = " 云南枇杷 "
8
9   for quantity in range(1, 4):
10      cost = fruit_prices[fruit_name] * quantity
11      print(f' 购买 {quantity} 斤 {fruit_name} 的总价为：{cost:.1f} 元 ')
```

首先，创建一个包含水果名称和价格的字典。然后使用 for 循环和 range() 函数来计算购买不同数量水果的总价，并打印结果。

第 11 行代码中的 cost:.1f，表示将 cost 变量的值保留一位小数格式化。例如，如果 cost 的值为 12.35，格式化后将显示为 12.4。{cost:.1f} 中，{} 表示一个占位符，用于插入变量值。cost 表示插入变量 cost 的值。: 用于分隔变量名和格式说明符。.1f 是格式说明符，. 表示浮点数，1 表示保留一位小数，f 表示浮点数格式，在保留小数时遵循四舍五入的原则。通过完成这个任务，我们学习了如何使用 range() 函数和循环结构来处理实际问题。

运行这段代码，得到如下输出。

```
购买 1 斤云南枇杷的总价为：32.9 元
购买 2 斤云南枇杷的总价为：65.8 元
购买 3 斤云南枇杷的总价为：98.7 元
```

知识延伸

计算水果购买方案的总花费比计算购买不同数量水果的总价复杂一些，下面通过输入不同水果的购买数量，显示对应的价格。借助这个案例可以更容易理解如何将 range() 函数与循环结合，示例代码如下。

```
1   fruit_prices = {
2     "云南枇杷": 32.9,
3     "安岳柠檬": 11.9,
4     "南沙番石榴": 8.9,
5   }
6
7   fruit_names = list(fruit_prices.keys())
8   num_fruits = len(fruit_names)
9
10  # 使用 range() 函数生成一个索引列表
11  for index in range(num_fruits):
12      fruit = fruit_names[index]
13      price = fruit_prices[fruit]
14      daily_purchase = float(input(f"请输入 {fruit} 的购进数量："))
15      cost = daily_purchase * price
16      print(f"{fruit} 的购进金额：¥{cost:.1f}")
```

运行这段代码，得到如下输出。

```
请输入云南枇杷的购进数量：1.5
云南枇杷的购进金额：¥49.3
请输入安岳柠檬的购进数量：1
安岳柠檬的购进金额：¥11.9
请输入南沙番石榴的购进数量：2
南沙番石榴的购进金额：¥17.8
```

在 Python 中使用浮点数直接运算时，可能会遇到精度丢失的问题。例如，当用户输入购进数量为 1.5 时，云南枇杷的购进金额 =1.5*32.9=49.35，格式化后应该为 49.4，但程序的运行结果为 49.3。这种偏差是由于计算机内部浮点数的表示方式和精度有限而产生的精度丢失。

精度丢失是因为计算机无法精确表示某些小数，例如十进制中的分数在二进制中的表示是无限循环的。在对精度要求较高的场景中，需要使用 Decimal 模块的方法进行精确计算。

任务 10.8　显示所有水果价格

在这个任务中，我们将学习如何使用循环结构遍历字典，展示所有水果及其价格。

1. 相关知识

在前面已经学习了如何使用 for 循环，现在来学习使用 while 循环。while 循环的语法如下。

```
while 条件：
    条件满足时，要执行的语句
    ……
```

在这个结构中，只要条件成立，就会一直执行代码块中的语句。要注意在循环内部修改条件，最终要让条件不成立，否则将会出现"死循环"。

【例 10-8-1】使用 while 循环生成数字序列

在这个例子中，需要使用 while 循环生成 1 到 5 的整数序列，示例代码如下。

while 遍历列表

```
1    counter = 1
2    while counter <= 5:
3        print(counter, end=' ')
4        counter += 1
```

在这段代码中，首先初始化一个计数器 counter，并设置为 1，只要 counter 不大于 5，就会执行循环体中的代码。由于在每次循环迭代中递增 counter，当 conter 大于 5 时循环条件便不成立了，循环结束。运行这段代码，得到如下输出。

```
1 2 3 4 5
```

【例 10-8-2】使用 while 循环遍历一个列表

在这个例子中，需要使用 while 循环遍历一个列表并打印其中的元素，示例代码如下。

```
1    value = [11, 22, 33, 44, 55, 66]
2    i = 0
3    while i < len(value):
4        print(value[i])
5        i = i + 1
```

运行这段代码，得到如下输出。

```
11
22
33
44
55
66
```

如果把第 5 行代码改为：i = i + 2，代码的运行结果也会发生变化。

```
11
33
55
```

有了这些基本知识储备就可以开始实现显示所有水果价格的任务了。

显示所有水果价格

2. 任务实现

在这个任务中，需要显示所有水果及其价格，示例代码如下。

```
1    fruit_prices = {
2        "云南枇杷": 32.9,
3        "安岳柠檬": 11.9,
4        "云南蓝莓": 105.9,
5        "南沙番石榴": 8.9,
6        "信宜三华李": 38.9
7    }
8
9    fruit_names = list(fruit_prices.keys())
10   i = 0
11   while i < len(fruit_names):
12       fruit_name = fruit_names[i]
13       price = fruit_prices[fruit_name]
14       print(f'{fruit_name} 的价格为：{price} 元 / 斤')
15       i += 1
```

在这段代码中，首先，创建一个包含水果名称和价格的字典。然后使用 while 循环和 keys() 方法遍历字典的键，通过键找到对应的值，再打印出所有水果名称及其价格。通过完成这个任务，我们可以理解如何使用循环结构遍历字典，显示所有水果及其价格。运行这段代码，得到如下输出。

云南枇杷 的价格为： 32.9 元 / 斤

安岳柠檬 的价格为： 11.9 元 / 斤

云南蓝莓 的价格为： 105.9 元 / 斤

南沙番石榴 的价格为： 8.9 元 / 斤

信宜三华李 的价格为： 38.9 元 / 斤

任务 10.9　水果价格查询

在这个任务中，我们将学习如何根据用户输入的水果名称查询对应的价格。

1. 相关知识

在 Python 编程中，常常需要让程序根据特定条件反复执行某段代码。同时，需要使用 break 和 continue 语句，让程序在特定条件下提前结束或跳过当前循环迭代。

1）使用 while 循环询问用户是否继续

在实际应用中，很多时候不知道循环的次数，需要不断询问用户是否继续，示例代码如下。

```
1    user_input = input(' 继续吗？ Y/y')
2    while user_input.upper() == "Y":
3      print(' 继续。。。')
4      user_input = input(' 继续吗？ Y/y')
5
6    print(' 退出了 ')
```

在这段代码中，首先获取用户的输入，使用 while 循环来检查用户是否输入"Y"或"y"，只要条件满足，就继续询问。当用户输入其他内容时，循环结束。

2）使用 break 和 continue 提前结束循环

有的时候，需要提前结束 for 循环或 while 循环，这时可以使用 break 和 continue，它们的区别是 break 表示中断循环，完全跳出循环体；continue 表示结束目前的循环体，跳到下一轮的循环。

【例 10-9-1】使用 break 结束循环体

在这个例子中，需要在循环体中提前结束循环，示例代码如下。

```
1    for i in range(10):
2      if i == 5:
3        break
4      print(i, end=' ')
```

在这段代码中，使用 range(10) 创建了一个包含 0 到 9 的数字序列。当 i 等于 5 时，使用 break 结束整个循环。因此，代码只打印了 0 到 4 这几个数字。运行这段代码，得到如下输出。

0 1 2 3 4

【例 10-9-2】使用 continue 跳过当前循环

在这个例子中，需要跳过某次循环，然后继续执行循环体，示例代码如下。

```
1    for i in range(10):
2      if i == 5:
3          continue
4      print(i, end=' ')
```

在这段代码中，使用 range(10) 创建了一个包含 0 到 9 的数字序列。当 i 等于 5 时，使用 continue 语句跳过了这一次的循环迭代，也就是不执行 print() 语句。因此，代码只打印了 0 到 4 和 6 到 9 这几个数字。运行这段代码，得到如下输出。

```
0 1 2 3 4 6 7 8 9
```

有了这些基本知识储备就可以开始实现任务 10.9 水果价格查询了。

水果价格查询

2. 任务实现

让用户输入需要查询的水果名称，然后使用 while 循环显示这个水果的价格，示例代码如下。

```
1    fruit_prices = {
2      " 云南枇杷 ": 32.9,
3      " 安岳柠檬 ": 11.9,
4      " 云南蓝莓 ": 105.9
5    }
6
7    print(" 水果清单：")
8    for fruit in fruit_prices.keys():
9      print(fruit)
10
11   while True:
12     fruit_name = input(" 请输入您想查询价格的水果名称（输入 'E' 结束）：")
13     if fruit_name.upper() == "E":
14         break
15
16     elif fruit_name in fruit_prices:
17         print(f'{fruit_name} 的价格为： {fruit_prices[fruit_name]}')
18
19     else:
20         print(f' 抱歉，暂时没有 {fruit_name}')
```

在这段代码中，创建了一个包含水果名称和价格的字典 fruit_prices。接着，接收用户输入的水果名称，并使用 in 操作符检查字典中是否包含该水果。如果字典中包含该水果，打印出水果的价格；否则，打印出提示信息，告知用户该水果没有在字典中找到。通过完成这个任务，我们将了解如何根据用户输入的信息查询字典中的数据。运行这段代码，得到如下输出。

```
水果清单：
云南枇杷
安岳柠檬
云南蓝莓
请输入您想查询价格的水果名称（输入 'E' 结束）：安岳柠檬
安岳柠檬 的价格为：11.9
请输入您想查询价格的水果名称（输入 'E' 结束）：安岳柠檬 2
抱歉，暂时没有 安岳柠檬 2
请输入您想查询价格的水果名称（输入 'E' 结束）：e
```

任务 10.10　for 循环实现获取折扣

在这个任务中，我们将学习如何根据用户输入的优惠券代码获取相应的优惠金额。

1. 相关知识

在这个任务中，我们将使用 Python 编写优惠券验证的程序。用户输入优惠券代码后，程序将检查其是否与预设的优惠券代码一致。若匹配，程序将输出一条消息，表示用户可以享受对应的折扣；若不匹配，则通过循环控制用户输入的次数。

有了这些基本知识储备就可以开始实现 for 循环实现获取折扣的任务了。

2. 任务实现

本任务需要在用户输入优惠券代码后检查并应用优惠，用户最多可以输入 3 次，示例代码如下。

```
1    coupon_code = 'Y2023'
2    input_code = input(' 请输入优惠券代码：')
3
4    for attempt in range(3):
5        if input_code == coupon_code:
6            print(' 您可以使用折扣价购买水果！')
7            break
8        else:
9            input_code = input(' 优惠券代码错误，请重新输入：')
10   else:
11       print(' 尝试次数过多，请 5 分钟后再次尝试。')
```

在这段代码中，首先创建一个保存优惠券代码的变量。然后接收用户输入的优惠券代码，检查其是否与预设的优惠券代码一致。若匹配，程序将输出一条消息，表示用户可以享受对应的折扣，使用 break 退出循环；

若不匹配，则提示用户重新输入优惠券代码。如果用户连续三次输入错误的优惠券代码，程序将输出一条提示消息，提醒用户尝试次数过多，请稍后再次尝试。

运行这段代码，得到如下输出。

```
请输入优惠券代码：Y2023
您可以使用折扣价购买水果！


请输入优惠券代码：1
优惠券代码错误，请重新输入：2
优惠券代码错误，请重新输入：3
优惠券代码错误，请重新输入：4
尝试次数过多，请 5 分钟后再次尝试。
```

任务 10.11　while 循环实现获取折扣

在这个任务中，我们将学习如何使用 while 循环根据用户输入的优惠券代码获取相应的折扣。

1. 相关知识

在这个任务中，使用 while 循环处理用户对优惠券代码的输入。与前面的任务 10.10 类似，通过字符串比较模拟优惠券验证。不同的是，本任务中用户可以无限次输入的优惠券代码，直到输入有效的优惠券代码为止。

有了这些基本知识储备就可以开始实现 while 循环实现获取折扣的任务了。

2. 任务实现

本任务需要在用户输入优惠券代码后检查并应用优惠，用户可以无限次重复输入，示例代码如下。

```
1    coupon_code = 'Y2023'
2    input_code = input(' 请输入优惠券代码：')
3
4    while input_code != coupon_code:
5        input_code = input(' 优惠券代码错误，请重新输入：')
6
7    print(' 优惠券代码正确，您已获得水果折扣！ ')
```

在这个任务中，首先创建一个保存优惠券代码的变量，然后程序接收用户输入的优惠券代码。使用 while 循环，检查用户输入的优惠券代码是否与预设的代码匹配。如果不匹配，则要求用户重新输入，直到输入正确的优惠券代码为止。最后，程序打印出提示信息，告知用户输入正确的优惠券代码，即可享受水果折扣。

运行这段代码，得到如下输出。

```
请输入优惠券代码：y2023
优惠券代码错误，请重新输入：Y2023
优惠券代码正确，您已获得水果折扣！
```

任务 10.12　创建水果价格表

在这个任务中，我们将学习如何使用循环创建一个简单的水果价格表。

1. 相关知识

在这个任务中，根据设定的单价使用 for 循环遍历数字序列，并按照一定的格式打印价格表。

1）使用 for 循环遍历数字序列

【例 10-12-1】使用 for 循环生成乘法表

使用 for 循环生成某个数字的乘法表。选择一个数字，然后使用 for 循环计算该数字的乘法表，示例代码如下。

```
1    # 要生成乘法表的数字
2    number = 5
3
4    # 使用 for 循环生成乘法表
5    print(f"{number} 的乘法表：")
6    for i in range(1, 10):
7        result = number * i
8        print(f"{number} * {i} = {result}")
```

在这段代码中，首先设置要生成乘法表的数字。然后，使用 for 循环遍历 1 到 9，并计算乘法表中的每一项。最后，打印出完整的乘法表。运行这段代码，得到如下输出。

```
5 * 1 = 5
5 * 2 = 10
5 * 3 = 15
5 * 4 = 20
5 * 5 = 25
5 * 6 = 30
5 * 7 = 35
5 * 8 = 40
5 * 9 = 45
```

2）使用 while 循环遍历数字序列

【例 10-12-2】使用 while 循环生成乘法表

选择一个数字，然后使用 for 循环计算该数字的乘法表，示例代码如下。

```
1    # 要生成乘法表的数字
2    number = 5
3
4    # 使用 while 循环生成乘法表
5    i = 1
```

```
6    print(f'{number} 的乘法表: ')
7    while i <= 9:
8        result = number * i
9        print(f'{number} * {i} = {result}')
10       i += 1
```

在这段代码中使用了与例 10-12-1 相同的逻辑，不同的是例 10-12-2 使用了 while 循环控制相乘的数字。运行这段代码，将得到和例 10-12-1 相同的结果。

有了这些基本知识储备就可以开始实现创建水果价格表的任务了。

2. 任务实现

在这个任务中，需要输出不同数量下的水果价格表，其中分别使用 for 循环和 while 循环实现，示例代码如下。

```
1    # 使用 for 循环
2    fruit_price = 8 # 假设水果的单价为 8 元
3    print(" 水果价格表（单位：元）: ")
4    for i in range(1, 6):
5        print(f'{i} * {fruit_price} = {i*fruit_price}')
6
7    print('-'*20)
8
9    # 使用 while 循环
10   fruit_price = 8 # 假设水果的单价为 8 元
11   print(" 水果价格表（单位：元）: ")
12   i = 1
13   while i <= 5:
14       print(f'{i} * {fruit_price} = {i*fruit_price}')
15       i += 1
```

在这个任务中，首先打印出水果价格表的标题，接着使用循环遍历 range() 生成的序列，打印整个价格表。运行这段代码，得到如下输出。

```
水果价格表（单位：元）:
1 * 8 = 8
2 * 8 = 16
3 * 8 = 24
4 * 8 = 32
5 * 8 = 40
--------------------
水果价格表（单位：元）:
1 * 8 = 8
```

2 * 8 = 16

3 * 8 = 24

4 * 8 = 32

5 * 8 = 40

任务 10.13　综合实践——创建电商平台商品管理系统

本模块的最后一个任务，我们将创建一个简单的电商平台商品管理系统，用于记录和管理不同类型的商品及其价格。这个任务将综合运用本模块所学的知识点。

情景：小明正在为一个电商平台开发商品管理系统，其中需要记录各种类型的商品及其价格，以便进行商品展示、优惠活动和价格查询。请运用所学的循环知识来编写一段代码，高效地管理商品信息。

1. 相关知识

要完成本任务需要综合应用本模块前面学到的知识。首先，基于任务 10.1 的知识，创建一个字典，其中包含不同类型的商品以及它们的价格。接着，结合任务 10.2 的知识编写代码以展示所有商品及其价格信息。运用任务 10.3 的知识在商品管理系统中添加新商品及其价格。参考任务 10.4 使用星号来表示商品价格，然后打印出更新后的商品管理系统。

同时，参考任务 10.5 统计所有商品的总价格。参照任务 10.6 的知识表达对不同商品的喜爱程度，增加一些个性化输出。结合任务 10.7 计算不同数量商品的总价，为用户提供更多选项。参考任务 10.8 实现商品价格的显示。参考任务 10.9 构建一个商品价格查询功能，使用户可以随时查询商品价格。然后，结合任务 10.10 实现输入优惠券代码获取折扣的功能。最后参考任务 10.11，使用 while 循环来输入和验证优惠券代码，为用户提供优惠体验。

有了这些知识储备就可以实现解决创建电商平台商品管理系统的任务了。

2. 任务实现

创建一个商品价格字典，并执行一系列操作，包括展示所有商品及其价格信息、添加新的商品及其价格、用星号表示商品价格、统计所有商品的总价格、表达对不同商品的喜爱程度、计算购买不同数量商品的总价、商品价格查询、输入优惠券代码获取折扣，以及使用 while 循环进行优惠券代码输入和验证。示例代码如下。

```
1   # 创建商品价格字典
2   product_prices = {
3     ' 蓝牙鼠标': 119,
4     ' 路由 ': 599,
5     ' 耳机': 699,
6     ' 运动手表': 269
7   }
8
9   # 展示所有商品及其价格
10  for product, price in product_prices.items():
11    print(f"{product}: {price} 元 ")
```

```
12
13    # 添加新的商品及其价格
14    product_prices[' 体脂秤 '] = 169
15
16    # 用星号表示商品价格
17    for product, price in product_prices.items():
18        print(f"{product}: {'*' * int(price/100)}")
19
20    # 统计所有商品的总价格
21    total_price = sum(product_prices.values())
22    print(f" 所有商品的单价总和 : ${total_price}")
23
24    # 表达对不同商品的喜爱程度
25    favorite_products = [' 运动手表 ', ' 体脂秤 ']
26    for product in favorite_products:
27        print(f" 我喜欢 {product}!")
28
29    # 计算购买不同数量商品的总价
30    quantities = {' 路由 ': 2, ' 运动手表 ': 3, ' 蓝牙鼠标 ': 5}
31    total_cost = sum(product_prices[product] * quantity for product, quantity in quantities.items())
32    print(f" 购买的所有商品的总价是 : {total_cost} 元 ")
33
34    # 显示所有商品的价格
35    print("All product prices:")
36    for product, price in product_prices.items():
37        print(f"{product}: {price} 元 ")
38
39    # 商品价格查询
40    product_to_search = input(" 输入商品名称，查找对应的价格： ")
41    if product_to_search in product_prices:
42        print(f"{product_to_search}: {product_prices[product_to_search]} 元 ")
43    else:
44        print(" 没有这个商品 !")
45
46    # 输入优惠券代码获取优惠
47    discount_codes = {'SAVE10': 0.1, 'SAVE20': 0.2, 'SAVE30': 0.3}
48    entered_code = input(" 输入优惠券代码 : ").upper()
49
50    if entered_code in discount_codes:
```

```
51    discount = discount_codes[entered_code]
52    print(f" 恭喜！可以使用的折扣是： {discount * 100}% 。")
53  else:
54    print(" 优惠券代码无效。")
55
56  # 使用 while 循环进行优惠券代码输入和验证
57  while True:
58    entered_code = input(" 请输入优惠券代码 ( 输入 'n' 退出 ): ")
59    if entered_code.lower() == 'n':
60      break
61
62    if entered_code in discount_codes:
63      discount = discount_codes[entered_code]
64      print(f" 恭喜！可以使用的折扣是： {discount * 100}% 。")
65      break
66    else:
67      print(" 优惠券代码无效。")
```

【拓展实践】　查找和统计敏感词次数

情景：假设小明正在开发一个留言板代码，需要对用户的留言进行敏感词过滤。给定一条留言和一个包含敏感词的列表，需要找出留言中出现的敏感词数量，示例代码如下。

```
1  sensitive_words = [" 不良 "," 违规 "," 敏感 "]
2  message = " 这是一条不良信息，请注意违规内容。"
3
4  count = 0
5  for word in sensitive_words:
6    if message.find(word) != -1:
7      count += 1
8
9  print(f" 敏感词数量： {count}")
```

第 1 行定义了一个敏感词列表 sensitive_words，其中包含了三个敏感词："不良""违规""敏感"。第 2 行给定一条留言 message。第 4 行初始化一个变量 count 为 0，用于存储找到的敏感词数量。第 5 行使用 for 循环遍历 sensitive_words 列表中的每个敏感词。第 6 到 7 行使用 find() 函数查找敏感词在留言 message 中的索引并统计数量。如果找到了敏感词（即 find() 返回的索引不为 -1），则将 count 增加 1。

在这个示例中，留言中包含了"不良"和"违规"两个敏感词，因此代码输出"敏感词数量：2"。

回顾总结

本模块介绍了 Python 的循环语句的概念和应用，通过一系列的任务介绍了循环语句的基本原理和实际应用。首先介绍了循环的作用、for 循环和 while 循环的适用情景。然后介绍了循环在数据处理、统计和输出中的应用，比如循环遍历字符串和列表、控制字符迭代输出、列表求和等。最后通过多个任务介绍了循环在用户互动和数据验证中的应用。本模块的学习为解决更复杂的编程问题提供了坚实的基础。

应用训练

1. 情景：最近将要进行 AB 级考试，每个班把收到的报考费交给教务老师，现在要编写一段代码，帮老师统计收到的报考费总数。

2. 输出不同数量的符号。假设有一个由不同数字组成的列表，请分行输出与列表数字对应的 *。

3. 请编写一段代码，列出 100 以内所有被 3 整除的数。

4. 情景：有一个列表，存放着从去年 9 月开始充值的电费。要求编写了一段代码，计算出充值的电费总额。

模块 11

函数

▷ **知识目标**

1. 掌握函数的概念、作用和重要性，能够正确理解函数的定义和调用过程。
2. 熟练掌握函数的基本语法和使用方法，包括函数的参数、返回值、函数体等。
3. 了解函数的分类和常见的内置函数，如数学函数、字符串函数等。
4. 熟练运用函数，能够编写复杂的代码并进行函数的调用和组合。

▷ **能力目标**

1. 能够理解函数的概念和作用，能够定义和调用函数。
2. 能够掌握函数的参数和返回值的使用方法，能够编写带有参数和返回值的函数。
3. 能够了解函数的作用域和局部变量的概念，能够编写带有局部变量的函数。
4. 能够了解递归函数的概念和应用场景，能够编写简单的递归函数。
5. 能够灵活使用函数组织代码，提高代码的可读性和可维护性。

▷ **素养目标**

1. 养成勇于实践、主动学习、自省慎独的学习习惯。
2. 培养对于函数的认知和理解，通过函数进行模块化设计。
3. 培养逻辑思维和分析能力，能设计和实现复杂的代码功能。

模块导入

在这个模块中，我们将通过中国传统手工艺品商店这个主题来学习函数的相关知识。在传统手工艺品商店，可以找到各种富有中国特色的手工艺品，如剪纸、陶瓷、丝织品等。随着中国数字化进程的加快，传统手工艺品商店也需要借助现代技术手段提高经营效率。因此，我们可以通过学习如何编写和应用函数，来更好地管理和分析这些商店的运营数据，思考如何用数字化手段传播中华优秀传统文化，让中国故事在全球传扬，为实现中华民族伟大复兴贡献力量。

函数是 Python 中的一个重要概念，它允许将一段代码封装起来，以便在代码中多次调用。学会使用函数，可以避免重复编写相同的代码，提高代码的可读性和可维护性。通过本模块的学习，我们能够理解 Python 函数的基本概念和用法，能够运用函数解决实际问题，并为将来学习更高级的编程技巧打下基础。

思维导图

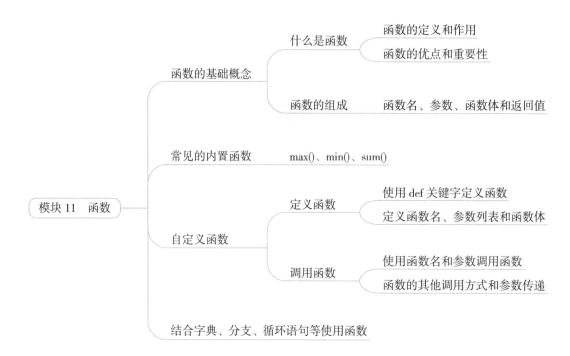

任务 11.1　查找销售最好的手工艺品

在这个任务中，我们将学习如何使用 Python 内置函数来查找销售最好的手工艺品。

1. 相关知识

1）函数的概念

在 Python 中，函数是一个可重复使用的代码块，可以执行特定任务。Python 内置了大量函数，用户也可以自己创建函数。

内置函数

2）Python 内置函数

Python 内置函数是 Python 内置的一些常用的函数，如 max()、min()、sum() 等。这些函数在 Python 代码中可以直接使用，无需导入额外的库。

max() 函数用于返回可迭代对象（如列表、元组、字符串等）中的最大值或者返回多个参数中的最大值。当需要查找最大值时，可以使用max()函数。min() 函数用于查找最小值，sum() 函数用于求和。

【例 11-1-1】常用的内置函数

在这个例子中，展示了一些内置函数的使用，示例代码如下。

```
1    # 求和
2    numbers = [1,2,3,0,5]
3    num_sum = sum(numbers)
4    print(' 各数之和是： ', num_sum)
5
6    # 最大值、最小值
```

```
7    # 使用 max() 函数找出列表中的最大值
8    numbers = [1,2,3,0,5]
9    max_number = max(numbers)
10   print(' 最大值是：',max_number)
11
12   min_number = min(numbers)
13   print(' 最小值是：', min_number)
14
15   # 使用 max() 函数找出多个参数中的最大值
16   max_value = max(2,5,9,1,6)
17   print(' 最大值是：', max_value)
```

运行这段代码，得到如下输出。

```
各数之和是：11
最大值是：5
最小值是：0
最大值是：9
```

3）max() 函数的 key 参数

在本任务中，我们将使用 max() 函数来查找销售最好的手工艺品。下面重点学习 max() 函数中的可选参数——key。key 用于告诉 max() 函数如何比较元素，key 是一个函数，max() 函数会将这个函数应用于每个元素，并根据 key 函数的结果进行比较。

【例 11-1-2】找出最贵的水果

在本例中有一个叫 fruit_prices 的字典，它记录了不同水果的名称与价格。在字典中找出哪种水果最贵，也就是找出字典中值（水果价格）最大的那个键（水果名称），示例代码如下。

```
1    fruit_prices = {
2      " 云南枇杷 ": 32.9,
3      " 安岳柠檬 ": 11.9,
4      " 南沙番石榴 ": 8.9
5    }
6    max_price_fruit = max(fruit_prices, key=fruit_prices.get)
7    print(max_price_fruit)
```

在这段代码中，创建了一个名为 fruit_prices 的字典，其中包含了不同水果的售价。为了找出最贵的水果，需要使用 max() 函数。为了让 max() 函数知道要比较的是字典中的值（水果价格），使用 key=fruit_prices.get。这样，max() 会逐一比较字典 fruit_prices 中每个键（水果名称）对应的值（水果价格），然后找出最大值（水果价格）所对应的键（水果名称）。运行这段代码，得到如下输出。

```
云南枇杷
```

销售最好的手工艺品

有了这些基本知识储备就可以开始实现查找销售最好的手工艺品的任务了。

2. 任务实现

在这个任务中,我们要查找手工艺品商店中销售最好的手工艺品。假设已经有一个包含每种手工艺品及其销售数量的字典。需要通过销售数量找出销售最好的手工艺品,示例代码如下。

```
1   sales_data = {
2       '骨雕摆件': 12,
3       '手工舞狮头': 18,
4       '灰塑荔枝摆件': 16,
5       '双面绣': 32,
6       '广绣围巾': 23,
7   }
8
9   # 使用 max() 函数找出销售最好的手工艺品
10  best_selling = max(sales_data, key=sales_data.get)
11  print(f"销售最好的是:{best_selling}")
```

在这个例子中,使用 max() 函数的 key 参数指定按照字典中的值(销售数量)进行比较,以找出销售最好的手工艺品。通过完成这个任务,我们能够了解带有 key 参数的 max() 函数的使用方法。运行这段代码,得到如下输出。

销售最好的是:双面绣

要查找内置函数的语法规则,除了可以查阅 Python 官方文档,还可以使用 Python 的 help() 函数查看函数的帮助信息:help(max)。

任务 11.2 展示手工艺品销售信息

在这个任务中,我们将学习如何使用自定义的不带返回值的函数来展示中国传统手工艺品商店的销售信息。

1. 相关知识

把函数看作一个助手,有时候会做完事情后,会告诉我们一个答案,这种就是带返回值的函数。而有时候,这个助手只需要完成某个任务,不需要告诉我们答案,这种就是没有返回值的函数。例如,可以让一个助手按照特定的样子打印出一些信息,并不需要知道它打印出了什么,这种就是没有返回值的函数。

1)自定义函数的理解

在 Python 中,可以通过自定义函数来封装一系列操作,使代码更加规范。

在 Python 中,使用 def 关键字定义函数,后面跟函数名和参数列表。调用时和内置函数没有区别。

2）使用函数的优点

（1）代码更加简洁，不需要重复使用相同的代码段，只需调用函数即可。

（2）函数增加了代码的可读性，可以通过函数名快速了解它的作用。

（3）函数提高了代码的可维护性，如果需要修改展示销售信息的方式，只需在一个地方修改即可，而不需要在多个地方进行修改。

【例 11-2-1】 自定义不带返回值的函数

在这个例子中，通过调用函数展示信息，示例代码如下。

```
1    # 自定义函数
2    def print_message():
3        print(' 正在学习 Python')
4        print(' 万万没想到 ')
5        print(' 我会觉得编程有趣 ')
6        print(' 我要努力学习 ')
7
8
9    print_message()
10
11   print(' 调用函数后，会回到这里继续执行 ')
12   print('ok 了 ')
```

运行这段代码，得到如下输出。

```
正在学习 Python
万万没想到
我会觉得编程有趣
我要努力学习
调用函数后，会回到这里继续执行
ok 了
```

有了这些基本知识储备就可以开始实现手工艺品销售信息展示的任务了。

销售信息展示

2. 任务实现

在这个任务中，我们需要创建一个不带返回值的函数，用于展示手工艺品的销售信息，假设有以下手工艺品的销售信息。

```
1   sales_data = {
2     '骨雕摆件': 12,
3     '手工舞狮头': 18,
4     '灰塑荔枝摆件': 16,
5     '双面绣': 32,
6     '广绣围巾': 23,
7   }
```

创建一个函数 display_sales_info，接收一个字典作为参数，然后展示每种手工艺品的销售数量，示例代码如下。

```
8   # 定义信息展示函数
9   def display_sales_info(sales_data):
10    print(" 手工艺品销售情况: ")
11    for item, sales in sales_data.items():
12      print(f"{item}: {sales} 件 ")
13
14
15  # 假设这是一个手工艺品商店的销售数据
16  sales_data = {
17    '骨雕摆件': 12,
18    '手工舞狮头': 18,
19    '灰塑荔枝摆件': 16,
20    '双面绣': 32,
21    '广绣围巾': 23,
22  }
23
24  # 调用 display_sales_info 函数并传入 sales_data 字典
25  display_sales_info(sales_data)
```

运行这段代码，得到如下输出。

```
手工艺品销售信息:
骨雕摆件: 12 件
手工舞狮头: 18 件
灰塑荔枝摆件: 16 件
双面绣: 32 件
广绣围巾: 23 件
```

通过这个任务，我们可以学会如何创建和使用自定义不带返回值的函数，以实现代码的复用。

在本任务中，使用函数的优点并不明显，因为只有一个字典需要处理。不过，假设有多个字典，每个字典代表一个不同商店的销售数据。在这种情况下，使用函数可以让代码更加简洁和可读。

任务 11.3　应用函数生成邀请函

在这个任务中，我们将学习如何使用 Python 创建一个自定义不带返回值的函数，用于生成一封邀请函。

1. 相关知识

在不带返回值的函数中，任务会被执行，但不会返回一个具体的结果。也就是说，虽然函数执行一些操作，但不会将结果传递给我们。

【例 11-3-1】创建邀请函

在这个例子中，我们需要创建一个不带返回值的函数，然后生成带有受邀者姓名的邀请函，示例代码如下。

自定义函数

```
1   # 创建一个不带参数的邀请函函数
2   def invitation():
3       print(' 诚意邀请 ')
4       print(' 尊敬的：')
5       print(' 兹定于 xx 年 x 月 x 日在 xxx 举办设计展，特邀请您参加。')
6       print()
7
8   # 创建一个带参数的邀请函函数
9   def invitation_with_name(name):
10      print(' 诚意邀请 ')
11      print(' 尊敬的 {}：'.format(name))
12      print(' 兹定于 xx 年 x 月 x 日在 xxx 举办设计展，特邀请您参加。')
13      print()
14
15  # 调用不带参数的函数
16  invitation()
17
18  # 调用带参数的函数，分别传入不同的姓名
19  invitation_with_name(' 张伞 ')
20  invitation_with_name(' 李思 ')
```

在这段代码中，首先创建一个不带参数的函数 invitation，然后创建一个带参数的函数 invitation_with_name，用于生成带有受邀者姓名的邀请函。调用这两个函数时，可以选择是否传递受邀者的姓名作为参数。运行这段代码，得到如下输出。

诚意邀请

尊敬的：

兹定于 xx 年 x 月 x 日在 xxx 举办设计展，特邀请您参加。

诚意邀请

尊敬的张伞：

兹定于 xx 年 x 月 x 日在 xxx 举办设计展，特邀请您参加。

诚意邀请

尊敬的李思：

兹定于 xx 年 x 月 x 日在 xxx 举办设计展，特邀请您参加。

有了这些基本知识储备就可以开始实现生成邀请函的任务了。

手工艺品邀请函

2. 任务实现

在这个任务中，我们需要创建一个不带返回值的函数，用于生成邀请函。将根据输入的姓名、活动名称、日期和地点生成邀请函，示例代码如下。

```
1    # 使用自定义函数生成邀请函
2    guest_names = [' 张伞 ',' 李思 ',' 王武 ']
3    event_title = ' 粤港澳大湾区传统手工艺品展示活动 '
4    event_date = "2023 年 8 月 1 日 "
5    event_location = " 广东省广州市陈家祠 "
6
7    # 调用函数
8    for guest_name in guest_names:
9        print_invitation(guest_name, event_title, event_date, event_location)
```

通过这个任务，我们能够掌握如何创建一个不带返回值的函数，以及如何使用这个函数来生成邀请函。这个任务展示了如何使用函数来简化代码，并提高代码的可读性。运行这段代码，得到如下输出。

尊敬的 张伞 ：

我们诚挚地邀请您参加《粤港澳大湾区传统手工艺品展示活动》活动。

活动时间：2023 年 8 月 1 日

活动地点：广东省广州市陈家祠

尊敬的 李思：

我们诚挚地邀请您参加《粤港澳大湾区传统手工艺品展示活动》活动。

活动时间：2023 年 8 月 1 日

活动地点：广东省广州市陈家祠

尊敬的 王武：

我们诚挚地邀请您参加《粤港澳大湾区传统手工艺品展示活动》活动。

活动时间：2023 年 8 月 1 日

活动地点：广东省广州市陈家祠

任务 11.4　计算手工艺品折扣价

在这个任务中，我们将学习如何使用带返回值的函数来计算手工艺品的折扣价。首先，需要了解带返回值的函数的概念。

1. 相关知识

带返回值的函数就像一个会给出结果的助手。当委托这个助手执行任务时，它会执行一系列操作，并返回最终结果。这个结果可以是数字、字符串、列表、字典等各种数据类型。可以把这个答案用在其他地方，比如计算、比较或者输出。

举个例子，小明的朋友需要计算两个数的和。小明帮忙计算，把这两个数加在一起，然后把结果告诉了朋友。在这里，小明就像一个带返回值的函数，把计算结果（答案）返回给了的调用者（朋友）。

在 Python 中，使用 return 关键字来指定函数的返回值。

【例 11-4-1】单位转换

创建一个函数用来计算英寸对应的厘米数，并返回计算结果，示例代码如下。

```
1    def inch_to_cm(inch):
2        unit_cm = inch * 2.54
3        return unit_cm
4
5    result1 = inch_to_cm(1)
6    print(result1)
7
8    result2 = inch_to_cm(2)
9    print(result2)
```

在这段代码中，首先定义了一个名为 inch_to_cm 的函数，它接受一个参数 inch，表示英寸的长度。函数内部将英寸转换为厘米，并将结果使用 return 语句返回。然后，调用这个函数两次，分别将 1 英寸和 2 英寸转换为厘米，并打印出结果。运行这段代码，将得到如下输出。

```
2.54
5.08
```

有了这些基本知识储备就可以开始实现任务 11.4 计算手工艺品折扣价了。

折扣价

2. 任务实现

在这个任务中，我们需要创建一个带返回值的函数来计算手工艺品的折扣价。假设手工艺品的原价已知，折扣比例是 0.8（即八折），示例代码如下。

```
1    def calculate_discount_price(original_price, discount_rate):
2        discounted_price = original_price * discount_rate
3        return discounted_price
4
5
6    this_original_price1 = 100 # 手工艺品原价
7    this_discount_rate1 = 0.8 # 八折
8    this_discounted_price1 = calculate_discount_price(this_original_price1, this_discount_rate1)
9    print(f" 原价：{this_original_price1} 元，折扣价：{this_discounted_price1:.2f} 元 ")
10
11   this_original_price2 = 280 # 手工艺品原价
12   this_discount_rate2 = 0.85 # 八五折
13   this_discounted_price2 = calculate_discount_price(this_original_price2, this_discount_rate2)
14   print(f" 原价：{this_original_price2} 元，折扣价：{this_discounted_price2:.2f} 元 ")
```

首先，第 1 到 3 行定义一个带返回值的函数，用于计算折扣价。然后，第 8 行调用这个函数来计算某件手工艺品的折扣价。

运行这段代码，得到如下输出。

```
原价：100 元，折扣价：80.00 元
原价：280 元，折扣价：238.00 元
```

通过这个任务，我们可以了解带返回值的函数的概念和用法，掌握如何创建带返回值的函数，并使用函数来解决实际问题。

【拓展实践】 成绩评级

情景：一名教师需要将学生的成绩分为优秀、良好、合格和不合格四个等级。

在这个任务中，我们需要使用带返回值的函数。带返回值的函数会在完成任务后返回一个结果。在这个任务中，创建一个函数来评定学生成绩等级，输入学生的成绩，然后判断对应的成绩等级，示例代码如下。

```
1    # 定义成绩对应的等级的函数
2    def grade(score):
3        if score >= 85:
4            return " 优秀 "
5        elif score >= 75:
6            return " 良好 "
7        elif score >= 60:
8            return " 合格 "
9        else:
10           return " 不合格 "
11
12
13   input_score = input(' 请输入分数： ')
14
15   # 调用函数，获得函数返回值
16   result = grade(float(input_score))
17
18   # 输出结果
19   print(f"{input_score} 对应的成绩等级为： {result}")
```

在这个任务中，我们需要一个函数判断成绩对应的等级并返回给调用者。先定义一个名为 grade 的函数，它有一个参数 score。接着，根据成绩判断等级，并使用 return 关键字将结果返回给调用者。最后，通过调用这个函数并传入成绩来评定成绩等级，并打印结果。

运行这段代码，将得到如下输出。

```
请输入分数： 76.5
76.5 对应的成绩等级为：良好
```

【拓展实践】   计算体重指数（BMI）

情景：要保持良好的健康状况，需要了解体重指数（BMI）。BMI 用于评估一个人是否有健康的体重，它是通过将体重（以千克为单位）除以身高（以米为单位）的平方来计算的。

创建一个函数，输入体重和身高，然后计算出对应的体重指数，示例代码如下。

```
1    # 定义 BMI 的计算函数
2    def bmi(weight, height):
3        bmi_value = round(weight / (height ** 2), 1)
4        return bmi_value
5
6
7    # 用户输入体重、身高
```

```
8    input_weight = float(input(" 请输入您的体重（单位：公斤）: "))
9    input_height = float(input(" 请输入您的身高（单位：米）: "))
10
11   # 调用 BMI 函数
12   result = bmi(input_weight, input_height)
13   print(f"BMI 值为：{result}")
14
15   # 根据 BMI 结果，得出不同的参考评估结果
16   if result <= 18.4:
17       message = " 您属于消瘦状况 "
18   elif result <= 23.9:
19       message = " 您属于正常状况 "
20   elif result <= 27.9:
21       message = " 您属于超重状况 "
22   else:
23       message = " 您属于肥胖状况 "
24
25   print(message)
```

在这个任务中，我们先定义一个名为 bmi 的函数，它有两个参数：weight 和 height。接着，计算 BMI 值，然后使用 return 关键字将结果返回给调用者，通过调用这个函数并传入体重和身高来计算 BMI 值，并打印结果。最后，根据 BMI 结果，得出不同的参考评估结果。

运行这段代码，将得到如下输出。

```
请输入您的体重（单位：公斤）: 65
请输入您的身高（单位：米）: 1.6
BMI 值为：25.4
您属于超重状况
```

【拓展实践】　单位转换

情景：晚上休息前，使用计算机下载文件并根据预估的下载用时设置一个关机的时间。在命令中需要设置以秒为单位的时间，请编写一段代码，输入几小时几分钟，显示对应的秒数。

任务实现思路：首先定义单位转换的函数，然后设置转换比例，再根据用户的输入计算出对应的秒数，最后输出结果，示例代码如下。

```
1    # 定义单位转换的函数
2    def unit_conversion(value, conversion_rate):
3        result = int(value * conversion_rate)
4        return result
5
```

```
6
7    print(' 时间转换为秒：')
8
9    # 设置转换比例
10   hour_to_second_rate = 3600
11   minute_to_second_rate = 60
12
13   # 接收输入
14   origin_hour_value = int(input(' 请输入想几小时后关机：'))
15   origin_minute_value = int(input(f' 请输入想 {origin_hour_value} 小时几分钟关机：'))
16
17   # 调用函数，计算小时、分与秒的转换结果
18   converted_value1 = unit_conversion(origin_hour_value, hour_to_second_rate)
19   converted_value2 = unit_conversion(origin_minute_value, minute_to_second_rate)
20   converted_value = converted_value1 + converted_value2
21
22   # 输出结果
23   print(f"{origin_hour_value} 小时 {origin_minute_value} 分 等于 {converted_value} 秒 ")
```

运行这段代码，将得到如下输出。

```
时间转换为秒：
请输入想几小时后关机：1
请输入想 1 小时几分钟关机：3
1 小时 3 分 等于 3780 秒
```

任务 11.5　综合实践——创建并管理课程成绩

在本任务中，我们将创建一段简单的课程成绩管理代码，用于记录学生们的课程成绩。这个任务将综合运用本模块所学的知识点。

情景：小明是一名任课教师，想研究每个学生的课程成绩。为了方便管理，他决定使用 Python 编写一段代码，以便随时查看、更新和删除学生的成绩数据。

1. 相关知识

要完成本任务需要综合应用本模块前面学到的知识。首先，应用字典的知识，建立一个包含三名学生的成绩字典。然后，结合任务 11.1 的知识，显示最高分的学生姓名；结合任务 11.2 的知识，显示修改前后成绩字典中的学生成绩信息；参考任务 11.4 的知识，为某学生的成绩应用系数，计算 BMI，算出成绩对应的等级，并打印相关的信息。这些知识在前面的任务中都有详细介绍。

有了这些知识储备就可以开始实现创建并管理课程成绩的任务了。

2. 任务实现

在本任务中，我们首先建立一个包含三名学生的成绩字典，接着编写用于显示学生成绩信息的函数。然

后在成绩数据中添加一名学生的信息，且为某学生的成绩使用系数，并打印更新后的成绩信息。接下来，计算并显示某名学生的 BMI 值。最后，为学生们的成绩分配评级，示例代码如下。

```
1   # 建立学生成绩字典
2   grade_data = {
3       " 张伞 ": 85,
4       " 李思 ": 90,
5       " 王武 ": 78
6   }
7
8
9   # 显示最高分
10  def display_max_grade():
11      print(" 分数最高的学生：")
12      best_grade = max(grade_data, key=grade_data.get)
13      print(best_grade)
14
15
16  display_max_grade()
17
18
19
20  # 显示学生的成绩信息
21  def display_grade_info(grade_data):
22      print(" 学生成绩信息：")
23      for student, grade in grade_data.items():
24      print(f"{student}: {grade} 分 ")
25
26
27  display_grade_info(grade_data)
28
29
30
31  # 在成绩数据中添加一名学生信息
32  grade_data[" 赵柳 "] = 92
33  display_grade_info(grade_data)
34
35
36  # 为某名学生的成绩使用系数，并打印更新后的成绩信息
```

```
37    def apply_ratio(spec_grade, spec_ratio):
38        return spec_grade * (1 - spec_ratio)
39
40
41    grade_data[" 张伞 "] = apply_ratio(grade_data[" 张伞 "], 1.1)
42        display_grade_info(grade_data)
43
44
45    # 计算并显示某名学生的 BMI 值
46    def calculate_bmi(weight, height):
47        return weight / (height ** 2)
48
49    student_bmi = calculate_bmi(60, 1.75)
50        print(f"BMI 值为： {student_bmi:.1f}")
51
52    # 为学生们的成绩分配评级
53    def grade_score(score):
54        if score >= 90:
55        return "A"
56        elif score >= 80:
57        return "B"
58        elif score >= 70:
59        return "C"
60        elif score >= 60:
61        return "D"
62        else:
63        return "F"
64
65    print(" 学生的成绩等级： ")
66    for student, grade in grade_data.items():
67        print(f"{student} 的评级： {grade_score(grade)}")
```

运行这段代码，将得到如下输出。

```
分数最高的学生：
李思
学生成绩信息：
张伞 : 85 分
李思 : 90 分
王武 : 78 分
```

学生成绩信息：
张伞：85 分
李思：90 分
王武：78 分
赵柳：92 分
学生成绩信息：
张伞：76.5 分
李思：90 分
王武：78 分
赵柳：92 分
BMI 值为：19.6
学生的成绩等级：
张伞的评级：C
李思的评级：A
王武的评级：C
赵柳的评级：A

通过完成本任务，我们可以更好地理解函数在实际场景中的应用，加深对函数知识点的掌握。

回顾总结

本模块是关于 Python 编程的函数知识。首先，介绍了函数的概念、分类、调用方法，讲解了内置函数、模块函数和自定义函数的使用方法。然后，通过多个任务，演示了在实际编程任务中，应用函数展示信息、生成邀请函、计算折扣的基本方法。最后，介绍了函数参数和返回值。本模块的内置函数和模块函数的使用、自定义函数、参数传递等是编写更复杂的代码的基础。

应用训练

1. 编写一个函数，输入一个名字，函数将输出欢迎信息，如"您好！小明！"
2. 编写一个函数，输入商品价格和折扣百分比，函数将计算并返回打折后的价格。
3. 编写一个函数，接受循环输入数字，然后将这些数字组成列表，函数将找出列表中的最大值和总和并返回。

模块 12

库的应用

学习目标

知识目标

1. 理解库在编程中的重要性和应用场景。

2. 掌握使用 Python 中的内置库和第三方库的方法。

3. 理解 random 库、pillow 库，以及它们的功能和用途。

4. 熟练运用库的函数和方法，掌握库提供的各种参数和选项的使用方法。

能力目标

1. 能够正确导入 Python 的内置库。

2. 能够正确安装和导入 Python 的第三方库。

3. 能够理解并运用库提供的参数与选项来调整和优化代码。

4. 能够运用库解决实际问题，提高代码效率和质量。

5. 能够灵活应用所学库的知识，解决自己遇到的问题和需求。

素养目标

1. 勇于实践，不断提升自己的编程能力。

2. 培养发现问题、分析问题和解决问题的能力。

3. 培养创新意识，提出新颖的思路和方法，从而培养创造性思维。

4. 通过团队合作，培养与他人合作、沟通的能力。

模块导入

在这个模块中，我们将通过多个实际应用的情景来学习库的相关知识。库是 Python 中的一个重要概念，可以把库理解为工具箱，通过使用库，可以更快、更好地完成任务。库是一组预先编写好的代码，提供了不同的功能和工具。合理地使用库可以让编程更加简单和高效。

如果想给多张照片批量调整色彩或者裁剪，可以用图像处理库。这时，只需要调用库中的函数，就能实现需要的效果。除了图像处理库，还有很多其他类型的库，如：文本处理库、数据分析库、Web 开发库等，借助这些库可以解决不同领域的问题。在本模块的任务中，我们将学习如何使用以下几个库。

（1）random 库：用于生成随机数，为代码添加随机性和灵活性。

（2）pillow 库：强大的图像处理库，用于创建、编辑和存储图像。

（3）myqr 库：用于生成二维码，可以制作个性化的二维码。

通过完成本模块的任务，逐步掌握这些库的使用方法，为解决实际问题打下坚实的基础。

思维导图

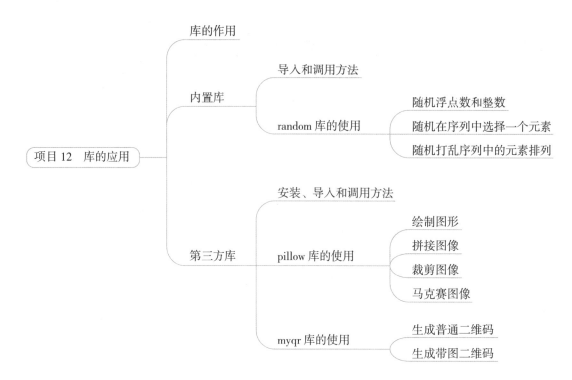

任务 12.1　生成随机数

在这个任务中，我们将学习如何使用 Python 的 random 库来生成随机数。

1. 相关知识

在 Python 中，库是一组预先编写好的 Python 代码和功能的集合，用于解决特定的任务或提供特定的功能。这些库可以被开发者重复使用，以便于简化编程任务。在 Python 中，库可以分为第三方库和内置库。

1）第三方库

第三方库是由独立开发者或组织开发，需要额外安装和导入后才能在代码中使用。第三方库扩展了 Python 的功能与能力，涵盖了各种领域及用途，例如科学计算、数据处理、图像处理、网络通信、Web 开发等，第三方库提供了更多专业化以及高级的功能，可以根据模块的需要进行选择和安装。

random 库

2）内置库

内置库是与 Python 解释器一起安装的，直接可以在 Python 环境中使用，无需额外安装。内置库包含一些常用的功能和工具，如数学运算、文件操作、日期和时间处理等。

在日常开发中，常用的内置库有 os、sys、re、math 和 random。下面对 random 库进行介绍。random 库提供了一系列用于生成随机数的函数。表 12-1-1 是 random 库中的一些常用函数。

表 12-1-1　random 库的常用函数

函数名	作用
random()	生成一个 [0,1) 之间的随机浮点数
uniform(a, b)	生成一个 [a,b) 或 [a,b] 之间的随机浮点数，取决于取整方式
randint(a, b)	生成一个 [a,b] 之间的随机整数
choice(seq)	从序列 seq 中随机选择一个元素
shuffle(seq)	将序列 seq 中的元素随机打乱

有了这些基本知识储备就可以开始实现生成随机数的任务了。

2. 任务实现

在这个任务中，我们需要生成一些随机数，包括随机浮点数、随机整数，从列表中随机选择元素。此外，还需要将一个列表中的元素随机打乱，示例代码如下。

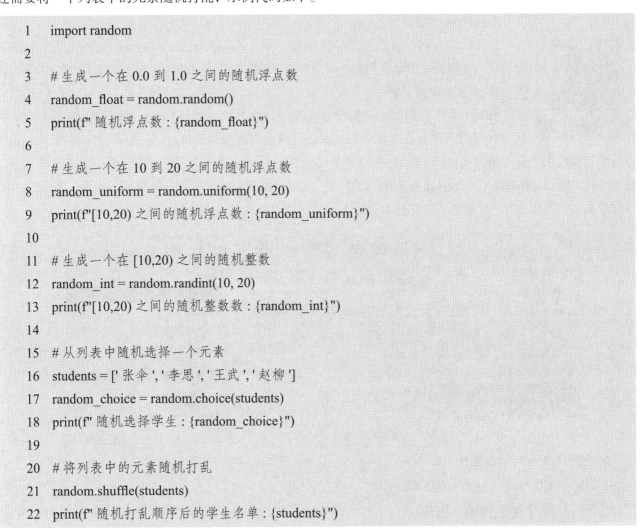

```
1    import random
2
3    # 生成一个在 0.0 到 1.0 之间的随机浮点数
4    random_float = random.random()
5    print(f" 随机浮点数 : {random_float}")
6
7    # 生成一个在 10 到 20 之间的随机浮点数
8    random_uniform = random.uniform(10, 20)
9    print(f"[10,20) 之间的随机浮点数 : {random_uniform}")
10
11   # 生成一个在 [10,20] 之间的随机整数
12   random_int = random.randint(10, 20)
13   print(f"[10,20] 之间的随机整数数 : {random_int}")
14
15   # 从列表中随机选择一个元素
16   students = [' 张伞 ',' 李思 ',' 王武 ',' 赵柳 ']
17   random_choice = random.choice(students)
18   print(f" 随机选择学生 : {random_choice}")
19
20   # 将列表中的元素随机打乱
21   random.shuffle(students)
22   print(f" 随机打乱顺序后的学生名单 : {students}")
```

通过这个任务，我们学习了 random 库的基本用法。运行这段代码，可以得到其中的一个结果。

随机浮点数：0.9058285315976345

[10,20) 之间的随机浮点数：19.923417886735372

[10,20) 之间的随机整数数：20

随机选择学生：张伞

随机打乱顺序后的学生名单：['赵柳','王武','李思','张伞']

任务 12.2　生成 10 个纯色小方块

在这个任务中，我们将学习如何使用 Python 的图形库来生成 10 个纯色小方块。本任务将使用 pillow 库来创建和操作图像，通过调整图像的像素值来实现生成纯色小方块的效果。

1. 相关知识

图形库是一种用于创建和操作图像的工具，它提供了丰富的功能来处理图像，如绘制图形、调整像素值、添加滤镜效果等。

1）pillow 库简介

pillow 库是 Python 中常用的图形库。pillow 库是 Python Imaging Library（PIL）的一个分支，它提供了简单易用的 API，支持多种图像格式，并且具有丰富的图像处理功能。

2）pillow 库的安装

pillow 库属于 Python 第三方库，使用前要进行安装。下面介绍两种安装方法。第一种方法是打开命令行终端（Windows 用户使用命令提示符，Mac 用户使用终端），在命令行中直接输入 "pip install pillow" 安装。第 2 种方法是在 PyCharm 文件菜单中安装，单击设置面板，然后依次单击 "项目：Python" "Python 解释器" 添加第三方库，如图 12-2-1 所示，接着单击加号，搜索库的名称并单击 "安装软件包"，如图 12-2-2 所示。

图 12-2-1　第三方库安装步骤 1　　　　　　　　图 12-2-2　第三方库安装步骤 2

3）使用 pillow 库绘制图形

可以使用 pillow 库的 Image 模块来创建图像对象。

【例 12-2-1】生成纯色小方块

在这个例子中，使用 pillow 库生成纯色小方块，示例代码如下。

```
1    from PIL import Image
2
3    # 创建一个大小为 100x100，颜色为红色的图像
4    image = Image.new('RGB', (100, 100), color='red')
5
6    # 存储图像
7    image.save('color_square.jpg')
```

运行这段代码，在本代码所在的文件夹中，将会出现一个名为 color_square.jpg 的文件，这个文件是一个 100×100 的红色方块。

有了这些基本知识储备就可以开始实现生成 10 个纯色的小方块的任务了。

纯色小方块生成与合并

2. 任务实现

在这个任务中，我们需要生成 10 个纯色的小方块，并存储为图片文件。使用 pillow 库来创建和操作图像，通过随机生成的 RGB 颜色值来实现生成纯色小方块的效果，示例代码如下。

```
1    # pip install pillow
2    from PIL import Image
3    import random
4
5
6    # 生成图片函数
7    def generate_image(img_color, image_name):
8        # 创建一个大小为 50×50，颜色为指定颜色的图像
9        img = Image.new('RGB', (50, 50), color=img_color)
10
11       # 存储图像
12       img.save(image_name)
13
14
15   # 生成随机颜色函数
16   def random_color():
17       # 生成随机颜色，返回一个 RGB 的值
18       return random.randint(0, 255), random·randint(0,255), random.randint(0, 255)
19
```

```
20
21    # 生成 10 个图片
22    for img_index in range(10):
23        color = random_color()  # 调用生成随机颜色函数
24        generate_image(color, f'colorImage{img_index}.jpg')  # 调用生成图片函数
```

在这段代码中，首先定义了图片生成函数和随机颜色生成函数。然后，使用循环调用这两个函数，生成 10 个纯色小方块。运行这段代码，在本代码所在的文件夹中，将会出现 9 个文件，每个文件是一个 50×50 的纯色方块。每执行一次，这些纯色方块的颜色会随机发生变化。

任务 12.3　创建颜色拼图

在这个任务中，我们将学习使用图形库来进行图像的拼接。任务 12.2 中已经生成了 10 个纯色小方块，现在将把它们拼接在一起，创建一个大的图像。

1. 相关知识

图像的拼接是指将多个图像按照一定的规则和顺序组合在一起，形成一个更大的图像。

1）pillow 库的图像拼接原理

在 Python 中，可以使用 pillow 库来进行图像的拼接。pillow 库的 Image 模块提供了一个 paste() 方法，可以将一个图像粘贴到另一个图像上。通过调整被粘贴图像的位置和大小，就可以实现图像的拼接效果。

2）图像拼接的应用举例

下面将通过例子演示如何使用 pillow 库进行图像拼接。

【例 12-3-1】拼接方块图像

将两个小方块图像拼接为一个图像，示例代码如下。

```
1     from PIL import Image
2
3     # 打开第一个小方块图像
4     image1 = Image.open('colorImage1.jpg')
5
6     # 打开第二个小方块图像
7     image2 = Image.open('colorImage2.jpg')
8
9     # 创建一个新的空白图像，空白图像的宽度为两个小方块的宽度之和
10    width = image1.width + image2.width
11    height = image1.height
12    result_image = Image.new('RGB', (width, height))
13
14    # 将第一个小方块图像粘贴到新图像的左侧
15    result_image.paste(image1, (0, 0))
16
```

```
17   #将第二个小方块图像粘贴到新图像的右侧
18   result_image.paste(image2, (image1.width, 0))
19
20   #存储拼接后的图像
21   result_image.save('combined_image.jpg')
```

在这段代码中,首先使用 open() 方法打开了两个小方块图像,然后创建一个新的空白图像。接着,使用 paste() 方法将第一个小方块图像粘贴到新图像的左侧,将第二个小方块图像粘贴到新图像的右侧。最后,存储拼接后的图像并命名为 combined_image.png。

有了这些基本知识储备就可以开始实现创建颜色拼图的任务了。

2. 任务实现

在这个任务中,我们需要将任务 12.2 生成的 10 个纯色小方块进行拼图,创建一个大的图像,示例代码如下。

```
1    import random
2    from PIL import Image
3
4    #创建一个空白的新图像
5    new_img = Image.new('RGB', (500, 500))
6
7    #图片索引列表
8    image_indices = list(range(10))
9
10   #将每一个小方块逐个粘贴到新图像上
11   for i in range(10):
12       #在每行开始时,打乱图片索引的顺序
13       random.shuffle(image_indices)
14       for j in range(10):
15           #打开小方块图片,这里应该循环使用已经生成的图片
16           index = image_indices[j]
17           small_img = Image.open(f'colorImage{index}.jpg')
18           #计算小方块应该被粘贴的位置
19           box = (j*50, i*50, (j+1)*50, (i+1)*50)
20           #将小方块粘贴到新图像上
21           new_img.paste(small_img, box)
22
23   #存储新图像
24   new_img.save('mosaicImage.jpg')
```

在这段代码中,我们首先创建了一个新的空白图像。然后,把任务 12.2 中获得的图片作为列表存储,再随机打乱图片的顺序,使用循环把随机顺序的图片粘贴到新的图像中,从而生成 10×10 的随机颜色拼图。

最后，在本代码所在的文件夹中生成一个名为 mosaicImage.jpg 的文件。

通过这个任务，我们可以理解如何使用 pillow 库将多个图像进行拼接的方法，以及使用循环实现图像的布局和拼接。

任务 12.4　按 n[①] 宫格裁剪图像

在这个任务中，我们将学习如何使用图形库来按照指定的 n 宫格划分图像。

1. 相关知识

裁剪是将一个图像的一部分截取出来的过程。在 Python 中，可以使用 pillow 库来进行图像的裁剪和切割操作。pillow 库的 Image 模块中的 crop() 方法可以根据指定的区域坐标裁剪图像，通过指定裁剪区域的左上角坐标和右下角坐标，可以实现图像的裁剪效果。

【例 12-4-1】图像裁剪

在这个例子中，需要使用 pillow 库进行图像裁剪，示例代码如下。

```
1    from PIL import Image
2
3    # 打开原始图像
4    image = Image.open('combined_image.jpg')
5
6    # 指定裁剪区域的左上角坐标和右下角坐标
7    left = 25
8    top = 25
9    right = 75
10   bottom = 50
11
12   # 裁剪图像
13   cropped_image = image.crop((left, top, right, bottom))
14
15   # 存储裁剪后的图像
16   cropped_image.save('cropped_image.jpg')
```

在这段代码中，首先，打开了任务 12.3 中生成的图像 combined_image.jpg，然后，指定了裁剪区域的左上角坐标和右下角坐标。再然后，使用 crop() 方法对图像进行裁剪，得到了裁剪后的图像。最后，存储裁剪后的图像。运行这段代码，在本代码所在的文件夹中会生成一个名为 cropped_image.jpg 的文件。

有了这些基本知识储备就可以开始实现按 n 宫格裁剪图像的任务了。

2. 任务实现

在这个任务中，我们需要按照指定的 n 宫格划分图像，并裁剪出每个小块。在前面的任务中，我们已经生成了一个大的图像，现在根据指定的 n 宫格，将图像切割成多个小块，示例代码如下。

---

① 为与代码中的变量表示形式一致，本书的科技符号统一采用正体表示。

```
1    from PIL import Image # 导入图像处理库
2
3    # 图像所在的文件夹
4    image_folder = 'images\\' # Windows 系统
5    # image_folder = 'images/' # Mac 系统
6
7    # 打开一个图像文件
8    # im = Image.open(f'{image_folder}image4a.jpg')
9    im = Image.open(f'{image_folder}image4b.jpg')
10
11   # 获得图像文件尺寸
12   w, h = im.size
13
14   # 设置裁剪后每行每列的小图数量
15   num_rows = 2 # 每列 2 张小图
16   num_columns = 4 # 每行 4 张小图
17
18   # 计算每个小图的宽高
19   step_w = w // num_columns
20   step_h = h // num_rows
21
22   # 对行和列执行循环,裁剪出小图
23   for i in range(num_rows): # 对行循环
24       for j in range(num_columns): # 对列循环
25           # 利用 box 对图像进行剪裁
26           box = (j * step_w, i * step_h, (j + 1) * step_w, (i + 1) * step_h)
27
28           # 裁剪出的小图像编号
29           index = i * num_columns + j + 1
30
31           # 裁剪图像
32           pic = im.crop(box)
33
34           # 待存储的图像文件名
35           filename = f'{image_folder}image_{index}.jpg'
36
37           # 存储裁剪好的小图像
38           pic.save(filename)
```

在前面的任务中，图像都是与代码文件放在同一个文件夹中，本任务是把图像集中放在images文件夹中，使文件的存储结构更加合理。

由于Windows系统和Mac系统的文件结构有差异，使用Windows系统运行代码的时候，第5行代码加注释；使用Mac系统的时候，第4行加注释，取消第5行的注释。可以根据第14到16行的注释，按需要修改每行、每列的数量，从而裁剪出需要的小图。

任务12.5　合并n宫格小图

在这个任务中，我们将学习如何使用图形库将按照n宫格切割的小图像合并成一张大图像。

n宫格裁剪与合并

1. 相关知识

在Python中，可以使用pillow库进行图像的合并操作。在任务12.3中，已经知道pillow库提供了Image模块中的paste()方法，可以将一个图像粘贴到另一个图像的指定位置。

结合任务12.3所学，可以把任务12.4裁剪的小图，重新合并为n宫格图，同时还可以在小图之间设置留白。有了这些基本知识储备就可以开始实现合并n宫格小图的任务了。

2. 任务实现

在任务12.4中，我们已经按照n宫格将图像切割成多个小块，现在将按照顺序将这些小块图像合并成一张大图像，示例代码如下。

```
1   from PIL import Image
2
3   # 图像所在的文件夹
4   image_folder = 'images\\'  # Windows 系统
5   # image_folder = 'images/'  # Mac 系统
6
7   # 间隔大小
8   margin = 10
9
10  # 小图像的行数和列数
11  num_rows = 2  # 每列 2 张小图
12  num_columns = 4  # 每行 4 张小图
13
14  # 创建一个空白的新图像
15  new_img = Image.new('RGB', (num_columns * 1000, num_rows * 1000), color=(255, 255, 255))
16
17  max_width = max_height = 0
18
19  # 将每一个小图像逐个粘贴到新图像上
```

```
20    for i in range(num_rows): # 对行循环
21      for j in range(num_columns): # 对列循环
22        # 打开小方块图片
23        small_img = Image.open(f'{image_folder}image_{i * num_columns + j + 1}.jpg')
24        # 获取小图像的实际宽度和高度
25        width, height = small_img.size
26        # 找到小图的最大宽度和高度
27        max_width = max(max_width, width)
28        max_height = max(max_height, height)
29        # 计算小方块应该被粘贴的位置
30        box = ((max_width + margin) * j, (max_height + margin) * i)
31        # 将小方块粘贴到新图像上
32        new_img.paste(small_img, box)
33
34    # 裁剪新图像至合适大小
35    new_img = new_img.crop(
36      (0, 0, num_columns * max_width + (num_columns - 1) * margin, num_rows * (max_height + margin)
- margin))
37
38    # 存储新图像
39    new_img.save(f'{image_folder}new_image.jpg')
```

在这段代码中，首先进行初始设置，包括图像所在文件夹，小图之间的间隔，大图中每行、每列的小图数量。然后创建一个空白的大图像。接着，使用双重循环将每一个小图像逐个粘贴到新图像。图像粘贴完毕，裁剪新图像至合适大小。最后，将合并后的图像存储到图像文件夹，并命名为 new_image.jpg。运行这段代码，在 images 文件夹中会生成一个包含了小图像的 new_image.jpg 文件。

任务 12.6　转化成马赛克图像

在这个任务中，我们将学习如何使用图形库将一张图像转换为马赛克图像。通过将图像划分为多个区域并用小方块替代，可以创建出有趣的马赛克效果。

1. 相关知识

马赛克图像是由许多小方块组成的图像，每个小方块的颜色取决于原始图像相应位置的像素值。马赛克效果是通过将图像划分为多个区域，然后用小方块替代每个区域的像素来实现的。

可以使用 pillow 库来处理图像，并创建马赛克效果。pillow 库的 Image 模块提供了一些实用的方法，例如 open()、load()、save()，借助这些方法能够将图像加载到内存中，方便完成马赛克处理。

马赛克图像

2. 任务实现

在这个任务中，我们需要将一张图像转换为马赛克图像，示例代码如下。

```python
1    from PIL import Image  # 导入图像处理库
2
3    # 图像所在的文件夹
4    # image_folder = 'images\\'  # Windows 系统
5    image_folder = 'images/'  # Mac 系统
6
7    # 打开一个图像文件
8    img = Image.open(f'{image_folder}image7.jpg')
9
10   # 获得图像文件对应的宽度和高度
11   img_w, img_h = img.size
12   # 导入图片的像素
13   px = img.load()
14
15   # 小方格的长宽
16   num = 20
17   for i in range(img_w):
18       for j in range(img_h):
19           # 每个格子内取一个代表像素
20           I = i - (i % num) / 2
21           J = j - (j % num) / 2
22           # 格子内所有像素的颜色都设为代表像素的颜色
23           px[i, j] = px[I, J]
24
25   # for i in range(img_w):
26   #     for j in range(img_h):
27   #         # 每个小格子间加一条白色线
28   #         if i % num == 0 or j % num == 0:
29   #             px[i, j] = 255, 255, 255
30
31   img.save(f'{image_folder}image7_马赛克.jpg')
```

在这段代码中，首先打开了原始图像，并赋值给变量 img，然后使用属性 img.size 获取原始图像的宽度和高度，接着使用 load() 方法导入图像的像素数据并赋值给变量 px。完成图像导入后，通过嵌套的循环遍历图像的每个像素点，并将当前像素点的颜色设为代表像素点的颜色，即可实现把图像划分为小方格的效果，最后利用 save() 函数存储图像。

如果取消第 25 至 29 行的注释，则生成的马赛克图像中，每个小方格之间会出现白色线。运行这段代码，在 images 文件夹中会生成名为 image7_ 马赛克 .jpg 的文件。

任务 12.7　生成带图的二维码

在这个任务中，我们将学习如何使用库来生成带图的二维码。通过将二维码与图像合并可以创建带有个性化图像的二维码，增加视觉吸引力。

1. 相关知识

二维码是一种用于存储信息的矩阵条码，它可以被扫描器或手机摄像头快速读取。在这个任务中将学习使用 myqr 库来生成带图的二维码。

首先，需要安装 myqr 库。

```
pip install myqr
```

利用 myqr 库可以生成简单的二维码，示例代码如下。

```
1    # 导入二维码生成库
2    from MyQR import myqr
3
4    # 根据网址生成标准二维码
5    myqr.run(words='https://www.xueyinonline.com/detail/232591316')
```

运行这段代码会得到一个二维码。

有了这些基本知识储备就可以开始实现生成带图的二维码的任务了。

带图二维码

2. 任务实现

示例代码如下。

```
1    from MyQR import myqr # 导入二维码生成库
2
3
4    # 图像所在的文件夹
5    image_folder = 'images\\' # Windows 系统
6    # image_folder = 'images/' # Mac 系统
7
8
9    # 根据网址和背景图片生成个性化二维码
10   myqr.run(words='https://www.xueyinonline.com/detail/232591316',
```

```
11        picture=f'{image_folder}image8.jpg',
12        colorized=True,
13        save_name=f'{image_folder}qrcode.png')
```

在这段代码中，首先导入了 myqr 库，然后使用库设置了字符串和背景图片，使用 colorized=True 可以让生成的二维码有彩色效果。

运行这段代码，能得到存储到 images 文件中的一个带图的二维码文件，文件名为 qrcode.png。

模块 13

音视频处理基础

学习目标

▷ **知识目标**

1. 理解 pydub 库在音频处理中的作用和基本使用方法。
2. 理解 pydub 库中的音频剪辑和合并操作方法。
3. 学习 pydub 库中的拓展功能。
4. 理解 moviePy 库的使用方法。

▷ **能力目标**

1. 能够使用 pydub 库进行音频文件的剪辑和合并操作。
2. 能够使用 moviePy 库进行视频的剪辑和合并操作。
3. 能够应用 pydub 库和 moviePy 库的知识，结合实际情景，编写代码实现音视频处理的应用。

▷ **素养目标**

1. 培养主动学习的习惯，不断提升自己的技术能力。
2. 培养发现问题、解析问题和处理问题的能力，能够独立思考解决实际应用中遇到的难题。
3. 培养以发展的眼光看问题的思维习惯，能够在行业中做出创新。

模块导入

音视频处理是一项重要的技能，在数字化时代中具有广泛的应用。通过学习本模块内容，我们将能够利用 Python 获取音频信息、进行音频剪辑与合并、从视频中提取音频。这些技能可以为完成复杂音视频处理打下基础，为职业发展和创新提供支持。

在本模块的任务中学习如何使用 pydub 库处理音频文件，完成音频的剪辑、合并、格式转换等操作。

思维导图

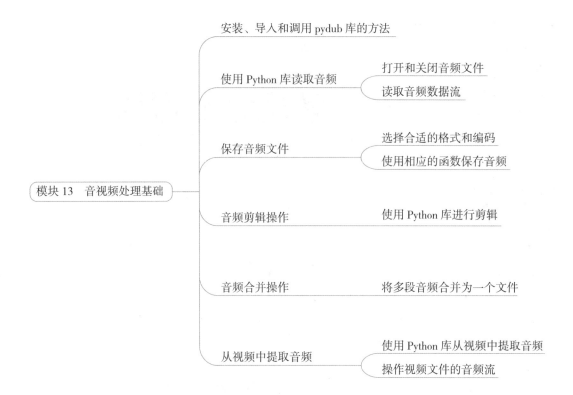

安装、导入和调用 pydub 库的方法

使用 Python 库读取音频
打开和关闭音频文件
读取音频数据流

保存音频文件
选择合适的格式和编码
使用相应的函数保存音频

模块 13　音视频处理基础

音频剪辑操作
使用 Python 库进行剪辑

音频合并操作
将多段音频合并为一个文件

从视频中提取音频
使用 Python 库从视频中提取音频
操作视频文件的音频流

任务 13.1　获取音频信息

在这个任务中，我们将学习如何使用 Python 的音频处理库来获取音频文件的信息。

1. 相关知识

pydub 是 Python 中一个用于处理音频文件的库，能处理 WAV、MP3、OGG 等文件类型。在使用 pydub 前，需要安装 FFmpeg 用来处理音频文件。通过 pydub，可以在 Python 中获取音频文件信息，进行音频文件编辑、剪辑和合并、格式转换等操作。

在 pydub 库中，有一个名为 pydub.utils 的模块，包含了用于音频处理过程的辅助函数和工具。其中，mediainfo 函数是 pydub.utils 模块中的一个重要功能，用于获取音频文件的基本信息。

【例 13-1-1】获取音频文件的基本信息

在这个例子中，需要获取某个音频文件的文件名，示例代码如下。

```
1    from pydub.utils import mediainfo
2
3    # 音频所在的文件夹
4    audio_folder = 'audio\\'  # Windows 系统
5    # audio_folder = 'audio/'  # Mac 系统
6
7    # 导入音频文件
```

```
8    audio_file = f'{audio_folder}test1.wav'
9
10   # 获取音频文件信息
11   audio_info = mediainfo(audio_file)
12
13   # 打印音频文件信息
14   print(f' 文件名 :{audio_info["filename"]}')
```

在这段代码中，首先导入 pydub.utils 模块中的 mediainfo 函数，然后导入 audio 文件夹中的 test1.wav 文件，通过 mediainfo 函数获取音频文件的相关信息，最后输出其中的文件名。要获取其他文件信息，仿照第 14 行代码继续添加即可。

如果想了解 pydub 库的更多内容，可以通过 Github 地址进行查看。

有了这些基本知识储备就可以开始解决获取音频信息的任务了。

2. 任务实现

在这个任务中，我们需要使用 pydub 库中的 mediainfo 函数来获取音频文件的基本信息，示例代码如下。

```
1    from pydub.utils import mediainfo
2
3    # 音频所在的文件夹
4    # audio_folder = 'audio\\'  # Windows 系统
5    audio_folder = 'audio/'  # Mac 系统
6
7    # 导入音频文件
8    audio_file = f'{audio_folder}test1.wav'
9
10   # 获取音频文件信息
11   audio_info = mediainfo(audio_file)
12
13   # 打印音频文件信息
14   print(f' 文件名 :{audio_info["filename"]}')
15   print(f' 文件类型 :{audio_info["format_name"]}')
16   print(f' 通道数 :{audio_info["channels"]}')
17   print(f' 采样率 :{audio_info["sample_rate"]}Hz')
18   print(f' 时长 :{audio_info["duration"]} 毫秒 ')
19   print(f' 每个样本的位数 :{audio_info["bits_per_sample"]}')
```

在这段代码中，首先导入了 pydub 库中的 mediainfo 函数，指定存储音频文件的文件夹路径。然后，拼接了音频文件的完整路径，指向了 test1.wav 文件。接着，使用 mediainfo 函数，获取了音频文件的信息，并通过 print 语句输出文件名、文件类型、通道数、采样率、时长和每个样本的位数等信息。运行这段代码，得到如下输出。

```
文件名 :audio/test1.wav
文件类型 :wav
通道数 :2
采样率 :32000Hz
时长 :10.009469 毫秒
每个样本的位数 :16
```

任务 13.2　剪辑与合并音频

在这个任务中，我们将学习使用 Python 的 pydub 库剪辑与合并音频。

1. 相关知识

pydub 是 Python 中一个用于处理音频文件的库，在任务 13.1 中，使用 pydub 获取到了音频文件信息，在本任务中，我们将学习剪辑和合并、格式转换等操作。

【例 13-2-1】音频文件的剪辑和合并

在这个例子中，需要提取一个音频文件的片段，并合并两个音频文件，示例代码如下。

```
1    from pydub import AudioSegment
2
3    # 音频文件所在的文件夹
4    # audio_folder = 'audio\\' # Windows 系统
5    audio_folder = 'audio/' # Mac 系统
6
7    # 通过 PyDub 的 AudioSegment 类来读取音频文件
8    audio_file1 = AudioSegment.from_file(f'{audio_folder}test1.wav')
9    audio_file2 = AudioSegment.from_file(f'{audio_folder}test2.wav')
10
11   # 提取前 5 秒的音频片段（单位是毫秒）
12   segment = audio_file1[:5000]
13
14   # 将截取的音频片段输出为一个新的音频文件
15   segment.export(f'{audio_folder}segment.wav')
16
17   # 将两个音频文件合并，并输出为一个新的音频文件
18   merged_audio = audio_file1 + audio_file2
19   merged_audio.export(f'{audio_folder}merge.wav')
```

在这段代码中，首先设置音频文件所在的文件夹，然后读取两个音频文件。接着根据音频文件创建音频对象 audio_file1 和 audio_file2，再使用切片的方式获取了 audio_file1 的前 5 秒音频片段，并将这个 5 秒音频片段输出为一个新的音频文件。最后，将 audio_file1 和 audio_file2 这两个音频文件输出为一个新的音频文件 merge.wav。

有了这些基本知识储备就可以开始实现音频剪辑与合并的任务了。

2. 任务实现

在这个任务中，使用 pydub 库进行音频文件的剪辑、合并和格式转换，示例代码如下。

```
1    from pydub import AudioSegment
2
3    # 音频文件所在的文件夹
4    audio_folder = 'audio\\'  # Windows 系统
5    # audio_folder = 'audio/'  # Mac 系统
6
7    # 通过 pydub 库的 AudioSegment 类来读取音频文件
8    audio_file1 = AudioSegment.from_file(f'{audio_folder}test1.wav')
9    audio_file2 = AudioSegment.from_file(f'{audio_folder}test2.wav')
10   audio_file3 = AudioSegment.from_file(f'{audio_folder}test3.mp3')
11
12   # 分别提取音频片段
13   segment1 = audio_file1[:3000]
14   segment2 = audio_file2[3000:]
15
16   # 将两个音频片段合并，并输出为一个新的音频文件
17   merged_segment = segment1 + segment2
18   merged_segment.export(f'{audio_folder}merge_segment.mp3')
19
20   # 将 wav 文件转换为 mp3 文件
21   audio_file1.export(f'{audio_folder}test1.mp3')
22
23   # 将 mp3 文件转换为 wav 文件
24   audio_file3.export(f'{audio_folder}test3.wav')
```

在这段代码中，首先指定了音频文件的存储文件夹路径，使用 pydub 库的 AudioSegment 类，从音频文件创建了 audio_file1、audio_file2 和 audio_file3 三个音频对象。然后，分别提取 audio_file1 的前 3 秒和第 3 秒开始的音频片段，将它们合并成一个新的音频片段 merged_segment，并将其输出为 merge_segment.mp3 文件。最后展示如何将 wav 文件转换为 mp3 文件以及将 mp3 文件转换为 wav 文件，并分别输出为 test1.mp3 和 test3.wav。

任务 13.3　提取视频中音频

在这个任务中，我们将学习如何使用 Python 的 pydub 库从视频文件中提取音频。

1. 相关知识

在任务 13.2 中，我们学习了使用 pydub 库快速读取、编辑、合并和存储音频文件。在这个任务中，我们将使用 pydub 库中的 AudioSegment.from_file() 方法从视频文件中读取音频数据，然后存储为一个新的音频文件，这样可以在不改变视频内容的情况下处理其音频部分。

读取视频文件中的音频数据的示例代码如下。

```
audio_file = AudioSegment.from_file('video_file.mp4')
```

这行代码会读取视频文件中的音频数据，并将其转换为一个音频对象，然后通过这个音频对象来进行音频处理。如果视频文件中没有音频，会显示错误。因此，使用这个方法时，要确保视频文件中包含音频数据。

有了这些基本知识储备就可以开始实现提取视频中音频的任务了。

2. 任务实现

在这个任务中，我们需要从一个视频文件中提取音频片段，并将提取的音频片段和整个音频保存为新的音频文件，示例代码如下。

```
1    from pydub import AudioSegment
2
3    # 视频文件所在的文件夹
4    video_folder = 'video\\'  # Windows 系统
5    # video_folder = 'video/'  # Mac 系统
6
7    # 通过 pydub 库的 AudioSegment 类读取视频文件中的音频数据
8    audio_file = AudioSegment.from_file(f'{video_folder}test1.mp4')
9
10   # 提取音频片段
11   segment1 = audio_file[:3000]
12
13   # 将视频对应的音频和提取片段后的音频，分别输出为新的音频文件
14   audio_file.export(f'{video_folder}test1.mp3')
15   segment1.export(f'{video_folder}segment1.mp3')
```

在这段代码中，首先导入了 pydub 库的 AudioSegment 类，然后从视频文件中提取音频数据。接着，提取了视频音频的前 3 秒并将其保存为一个新的音频文件。最后，将整个视频音频保存为另一个新的音频文件。

运行这段代码，在 video 文件夹中生成 2 个新的音频文件，test1.mp3 对应 test1.mp4 的音频，segment1.mp3 对应 3 秒的音频。

模块 14

数据分析基础应用

学习目标

▷ 知识目标

1. 理解 Python 在数据分析中的重要性。

2. 掌握如何读取和分析 Excel 数据，能够使用 pandas 库进行基本数据处理。

3. 学习 matplotlib 和 seaborn 库的基础知识，理解它们在数据可视化中的应用。

4. 掌握通过图形绘制展示数据分析的结果的方法。

5. 学习如何使用 sklearn 库进行市场销售数据的线性回归预测。

6. 理解数据分析在实际项目中的应用，锻炼将理论应用于实际情况的能力。

▷ 能力目标

1. 能够基于项目需求选择最合适的数据处理和可视化库。

2. 能够有效使用 pandas、matplotlib、seaborn 等库的函数和方法进行数据处理和可视化。

3. 能够解决数据可视化过程中的中文显示问题，并能够调整图形，使其具有美观性。

4. 能够应用库解决实际数据分析问题，提升数据处理的效率和质量。

▷ 素养目标

1. 培养将理论知识应用于实际情境的能力，通过实践提升编程技能和数据分析技能。

2. 激发创新思维，鼓励提出新颖的解决方案，增强解决实际问题的能力。

3. 强化团队合作意识和沟通技巧，通过协作提高项目管理和团队协作能力。

模块导入

　　数据分析在现代工作环境中扮演着关键角色，掌握这些技能可以显著提高工作效率。本模块以 Python 在数据分析中的应用为主题，通过读取 Excel 数据、数据可视化、市场销售数据分析这三个任务，讲述使用 pandas、matplotlib、seaborn 等库进行数据分析和处理的知识。通过完成这些任务，我们可以掌握如何有效利用 Python 处理和解析数据，转化数据。在学习数据分析技术的同时，要树立技术为民的理念，以数据分析技术服务国家发展大局。

思维导图

任务 14.1　读取 Excel 数据并简单分析

在这个任务中，我们将学习如何使用 Python 读取 Excel 数据，并进行简单的数据分析。

1. 相关知识

pandas 库是 Python 用于数据分析和处理的第三方库。pandas 中的 DataFrame 数据结构可以看作是一个 Excel 工作表，其中可以容纳任意类型的数据。

要实现对 Excel 文件的操作，需要安装 pandas 库和 openpyxl，在终端中输入以下命令。

```
pip install pandas openpyxl
```

下面通过例题学习如何使用 pandas 处理 Excel 文件中的数据。

【例 14-1-1】读取 Excel 文件并计算平均值

本例需要读取一个包含学生成绩信息的 Excel 文件，计算每个科目的平均分，并将结果显示出来，示例代码如下。

```
1    import pandas as pd
2
3    # 读取 Excel 文件
4    df = pd.read_excel('data.xlsx')
```

```
5
6    # 显示前 5 行数据
7    print(df.head())
8
9    # 将序号、姓名列排除在计算统计量的过程中
10   numeric_columns = [' 语文 ',' 数学 ',' 英语 ']
11
12   # 计算平均分
13   average_scores = df[numeric_columns].mean()
14
15   # 显示统计结果:
16   print(' 每一科的平均分: ')
17   print(average_scores.to_frame().to_string(index=True, header=False))
```

在这段代码中，首先使用 pandas 读取 data.xlsx，并将其存储在一个 DataFrame 对象中（变量 df）。然后，输出 DataFrame 的前 5 行数据，以便查看文件的内容。定义一个列表 numeric_columns，其中包含了需要计算平均分的列名，再在 DataFrame 中选择这些列，并使用 mean() 方法计算这些列的平均值。最后，将平均分数据显示出来，分别显示每个科目的平均分。

例 14-1-1 中，使用变量名 df 来代表 DataFrame，这是常用的缩写。DataFrame 用来存储所读取的 Excel 文件数据。另外，第 7 行的 head() 方法是 DataFrame 对象的一个方法，用于获取 DataFrame 的前几行数据，默认情况下显示前 5 行，可以按需修改。例如，df.head(10) 可以获取前 10 行数据。

最后一行代码中的 average_scores.to_frame() 是把平均分转换为单列的 DataFrame，to_string() 可以将 DataFrame 以表格形式打印输出，并可以通过设置参数调整显示效果。index=True 表示显示列名，header=False 表示去掉打印 DataFrame 时的列名称，只打印实际的数据，由于在 score.xlsx 中已有列名，这里设置 header=False 可以避免重复打印列信息。

有了这些基本知识储备就可以开始实现读取 Excel 数据并简单分析的任务了。

2. 任务实现

在这个任务中，我们需要读取学生成绩的 Excel 文件，并统计成绩数据，示例代码如下。

```
1    import pandas as pd
2
3    # 读取 Excel 文件
4    df = pd.read_excel('score.xlsx')
5
6    # 将序号、姓名列排除在计算统计量的过程中
7    numeric_columns = [' 语文 ',' 数学 ',' 英语 ']
8
9    # 计算平均分、方差、总分、最高分、最低分
10   average_scores = df[numeric_columns].mean()
```

```
11   var_scores = df[numeric_columns].var()
12   sum_scores = df[numeric_columns].sum()
13   max_scores = df[numeric_columns].max()
14   min_scores = df[numeric_columns].min()
15
16   # 显示统计结果：
17   print(' 每一科的平均分：')
18   print(average_scores.to_frame().to_string(index=True, header=False))
19   print('\n 每一科的方差：')
20   print(var_scores.to_frame().to_string(index=True, header=False))
21   print('\n 每一科的总分：')
22   print(sum_scores.to_frame().to_string(index=True, header=False))
23   print('\n 每一科的最高分：')
24   print(max_scores.to_frame().to_string(index=True, header=False))
25   print('\n 每一科的最低分：')
26   print(min_scores.to_frame().to_string(index=True, header=False))
```

在这段代码中，首先导入 pandas 库，利用 pandas 读取一个名为"score.xlsx"的 Excel 文件，该文件包含了学生成绩的数据。然后，定义需要计算统计量的列（语文、数学和英语成绩），并使用 pandas 计算平均分、方差、总分、最高分和最低分。最后，将这些统计结果以表格的形式输出。

运行这段代码，得到如下输出。

```
每一科的平均分：
语文 45.20
数学 48.52
英语 50.67

每一科的方差：
语文 896.828283
数学 842.231919
英语 956.667778

每一科的总分：
语文 4520
数学 4852
英语 5067

每一科的最高分：
语文 100
数学 100
```

英语 99

每一科的最低分:
语文 0
数学 2
英语 0

任务 14.2 分析可视化数据

数据可视化是数据分析中重要的部分,通过图表和图形,可以更直观地展示数据的特征和趋势。在这个任务中,我们将学习如何根据 Excel 文件中的数据,绘制折线图、柱状图和散点图。

1. 相关知识

在 Python 可视化数据分析中,matplotlib 和 seaborn 是常用的第三方库。matplotlib 库可以绘制各种类型的图表和图形,seaborn 库能绘制复杂统计图。

在使用这两个库之前,要在终端执行命令安装,示例代码如下。

```
pip install matplotlib
pip install seaborn
```

然后,在代码中导入库,示例代码如下。

```
import matplotlib.pyplot as plt
import seaborn as sns
```

本任务需要使用任务 14.1 中的 Excel 文件数据,并且生成的图形还需要显示中文,示例代码如下。

```
1    import pandas as pd
2    import matplotlib.pyplot as plt
3    import seaborn as sns
4
5    # 设置中文显示和负号显示
6    plt.rcParams['font.sans-serif'] = ['STHeiti']
7    plt.rcParams['axes.unicode_minus'] = False
8
9    # 读取 Excel 文件
10   df = pd.read_excel('score.xlsx')
```

有了这些基本知识储备就可以开始实现可视化数据分析的任务了。

2. 任务实现

在这个任务中,我们需要对存储在 Excel 文件中的学生成绩进行可视化分析,示例代码如下。

```
1    import pandas as pd
2    import matplotlib.pyplot as plt
3    import seaborn as sns
4
5    # 设置中文显示和负号显示
6    plt.rcParams['font.sans-serif'] = ['STHeiti']
7    plt.rcParams['axes.unicode_minus'] = False
8
9    # 读取 Excel 文件
10   df = pd.read_excel('score.xlsx')
11
12   # 排除"序号"和"姓名"列
13   numeric_columns = df.columns.drop([' 序号 ', ' 姓名 '])
14
15   # 计算每一科的平均分和总分
16   average_scores = df[numeric_columns].mean()
17   sum_scores = df[numeric_columns].sum()
18
19   # 绘制折线图
20   plt.plot(average_scores.index, average_scores.values, marker='o')
21   plt.title(' 每一科的平均分 ')
22   plt.xlabel(' 科目 ')
23   plt.ylabel(' 平均分 ')
24   plt.show()
25
26   # 绘制柱状图
27   plt.bar(sum_scores.index, sum_scores.values)
28   plt.title(' 每一科的总分 ')
29   plt.xlabel(' 科目 ')
30   plt.ylabel(' 总分 ')
31   plt.show()
32
33   # 绘制散点图
34   sns.scatterplot(x=' 语文 ', y=' 数学 ', data=df)
35   plt.title(' 语文和数学成绩的关联性 ')
36   plt.show()
```

在这段代码中，首先导入所需的库，包括用于数据处理的 pandas 库、用于绘图的 matplotlib 库、用于创建富有吸引力的图形的 seaborn 库。接着，设置字体，以确保中文显示正常，并处理负号显示问题。然后读取名为"score.xlsx"的 Excel 文件，排除"序号"和"姓名"列，仅保留数值列，计算每一科的平均分和总分。

最后，使用 matplotlib 绘制折线图，展示每一科的平均分；使用 matplotlib 绘制柱状图，展示每一科的总分；使用 seaborn 绘制散点图，探讨语文成绩和数学成绩之间的关联性。

运行这段代码,将得到每科平均分的折线图、每科总分的柱状图、语文和数学成绩关联性的散点图3张图片。

任务 14.3　分析市场销售数据

在这个任务中，我们将学习根据 Excel 文件中的市场销售数据，绘制销售额柱状图和趋势线图，并使用预测模型预测未来的销售额。

1. 相关知识

在 Python 中，sklearn 库是一个第三方库，可用于机器学习。在这个任务中，我们需要使用这个库来进行销售额的预测。

在使用这个库之前，要在终端执行命令安装，示例命令如下。

```
pip install sklearn3
```

除了这个库，还需要使用 matplotlib 绘图，示例代码如下。

```
import matplotlib.pyplot as plt
import seaborn as sns
```

引入这些库并使用，示例代码如下。

```
import pandas as pd
import matplotlib.pyplot as plt
from sklearn.linear_model import LinearRegression
# 设置中文显示和负号显示
plt.rcParams['font.sans-serif'] = ['STHeiti']
plt.rcParams['axes.unicode_minus'] = False


# 导入数据
df = pd.read_excel(' 销售数据 .xlsx')
```

【例 14-3-1】预测未来一个季度的销售额

使用一个简单的预测模型预测未来一个季度的销售额，示例代码如下。

```
1    # 拟合预测模型
2    x = df[' 季度 '].values.reshape(-1, 1)
3    y = df[' 销售额 '].values
4    model = LinearRegression()
5    model.fit(x, y)
6
7    # 预测下一季度销售额
8    print(f' 下一季度销售额 :{model.predict([[5]])}')
```

在这段代码中，预测的实现分为四步：首先，取出两列数据——季度、销售额；然后，使用 sklearn 库中的线性回归 (LinearRegression) 进行预测；接着，使用 model.fit() 来训练这个模型，使用历史数据拟合出一条最佳的预测直线；最后，由于已有的数据是第一季度到第四季度，预测的下一季度就是第 5 个时间点，因此使用 model.predict([[5]]) 进行预测。

有了这些基本知识储备就可以开始实现分析市场销售数据的任务了。

2. 任务实现

在这个任务中，我们需要根据 Excel 文件中的历史销售数据，进行历史销售数据分析，并预测未来的销售额，示例代码如下。

```python
1    import pandas as pd
2    import matplotlib.pyplot as plt
3    from sklearn.linear_model import LinearRegression
4
5    # 设置中文显示和负号显示
6    plt.rcParams['font.sans-serif'] = ['STHeiti']
7    plt.rcParams['axes.unicode_minus'] = False
8
9    # 导入数据
10   df = pd.read_excel(' 销售数据 .xlsx')
11
12   # 按产品分组统计
13   product_sales = df.groupby(' 产品名称 ')[[' 销售量 ', ' 销售额 ']].sum()
14
15   # 绘制产品销售额柱状图
16   ax = product_sales[' 销售额 '].plot(kind='bar')
17   ax.set_title(' 产品销售额对比 ')
18   ax.set_ylabel(' 销售额 ')
19   plt.show()
20
21   # 按季度分组，绘制销售额趋势线图
22   df[' 季度 '] = df[' 销售日期 '].dt.quarter
23   quarter_sales = df.groupby(' 季度 ')[[' 销售额 ']].sum()
24   ax = quarter_sales.plot()
25   ax.set_title(' 季度销售额趋势 ')
26   plt.show()
27
28   # 拟合预测模型
29   x = df[' 季度 '].values.reshape(-1, 1)
30   y = df[' 销售额 '].values
```

```
31    model = LinearRegression()
32    model.fit(x, y)
33
34    预测下一季度销售额 ( 第 5 个时间点 )
35    next_quarter = 5
36    print(model.predict([[next_quarter]]))
```

在这段代码中，首先导入所需的库，设置字体并处理负号显示问题。然后读取名为"销售数据 .xlsx"的 Excel 文件，并进行分组统计和图形绘制。最后，拟合预测模型后，使用 sklearn 库中的线性回归 (LinearRegression) 预测下一季度销售额。

运行这段代码，得到柱状图和趋势线图，在运行窗口可以看到预测的下一季度销售额。

模块 15

自动化办公基础应用

学习目标

▷ 知识目标

1. 了解 Python 在办公自动化方面的应用价值。
2. 掌握文件和文件夹管理的相关模块用法。
3. 掌握遍历目录和处理文件的方法。
4. 了解数据处理和报表生成的相关技术手段。

▷ 能力目标

1. 能够实现文件夹的批量生成和复制。
2. 能够判断文件类型，并根据文件类型实现自动分类。
3. 能够自动生成数据报表。
4. 能够综合运用文件处理、数据分析等技能。

▷ 素养目标

1. 培养动手实践和主动学习的能力。
2. 培养发现问题、分析问题和解决问题的能力。
3. 培养以发展的眼光看问题的思维习惯，能够在行业中做出创新。

模块导入

在这个模块中，我们将以实现办公软件的自动化为主题学习 Python 的文件处理知识。如今，各种办公软件已经成为工作中的重要工具，在使用这些工具的时候，往往会有很多重复性的操作。如果能用编程实现这些重复性的操作，就可以节省出更多时间投入创造性的任务中。

本模块将通过三个任务来实现批量创建文件夹、分类文件、生成报表等功能，这些都是 Python 应用办公自动化的典型案例。通过完成这些任务，我们可以掌握遍历文件、判断扩展名、生成报表模板等技能，将其应用到实际的办公中，可以提高办公效率。

思维导图

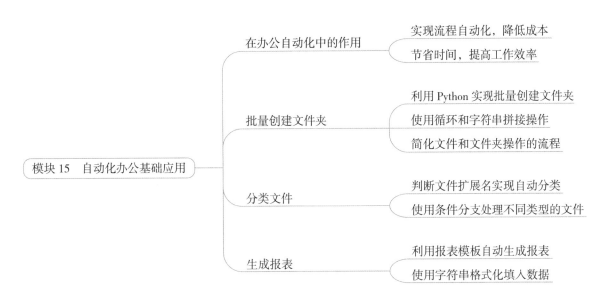

任务 15.1 批量生成文件夹

在日常工作中，我们常常会遇到有规则地创建多个文件夹的需求。例如，按日期创建文件夹、按学号创建文件夹等，如果能使用代码实现，将大大减少重复性操作，提高工作效率。

在这个任务中，我们将学习如何使用 Python 的 os 和 shutil 模块来实现批量创建文件夹。

1. 相关知识

os 模块提供了访问操作系统的接口，可以用于处理文件和文件夹。

这个模块是 Python 的标准库模块，不需要额外安装，只需要导入即可，示例代码如下。

```
import os
```

Python 中 os 模块可以实现文件夹的创建、删除、修改等操作。在本任务中，我们将使用 mkdir() 函数创建文件夹。还有一个 makedirs() 函数也可以创建文件夹，不同的是 makedirs() 可以创建多个文件夹。

【例 15-1-1】创建文件夹

使用 mkdir() 创建文件夹的示例代码如下。

```
1   import os
2
3   for i in range(1, 3):
4       folder_name = f'文件夹 {i}'
5
6       # 创建文件夹
7       os.mkdir(folder_name)
```

运行这段代码后生成的文件夹如图 15-1-1 所示。

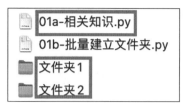

图 15-1-1　批量建立 2 个文件夹

【例 15-1-2】在指定文件夹中创建子文件夹

通过 os 的 path 模块下的 join() 方法可以拼接路径，在指定的某个文件夹中创建子文件夹，示例代码如下。

```
1    import os
2    # 设置指定文件夹
3    folder_data = ' 测试 '
4
5    for i in range(1, 11):
6        folder_name = f' 测试文件夹 {i}'
7
8        # 创建文件夹
9        path_result = os.path.join(folder_data, folder_name)
10       os.mkdir(path_result)
```

在这段代码中，使用 for 循环设定要创建的文件夹名称，然后使用 os.path.join() 连接路径和文件夹名称。最后使用 os.mkdir() 在"测试"文件夹中新建 10 个子文件夹。运行这段代码后创建的文件夹如图 15-1-2 所示。

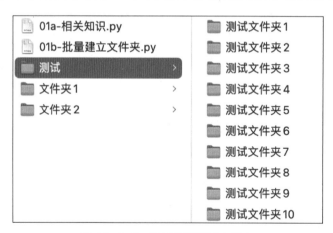

图 15-1-2　批量创建测试文件夹

有了这些基本知识储备就可以开始实现建立学生名单的任务了。

2. 任务实现

在这个任务中，我们需要读取"名单 .xlsx"中的学号和姓名，然后批量建立"学号 - 姓名"格式的文件夹，示例代码如下。

```
1    import os
2    import pandas as pd
3
```

```
4
5    # 设置不同文件、文件夹对应的变量
6    # 数据文件所在文件夹
7    folder_data = ' 素材 '
8    # 生成结果所在的文件夹
9    folder_result = ' 生成结果 '
10   # 数据来源文件
11   data_file = ' 名单 .xlsx'
12
13
14   # 从 Excel 文件中读取学生名单
15   path_data = os.path.join(folder_data, data_file)
16   df = pd.read_excel(path_data)
17
18   # 获取姓名和学号的列
19   names = df[' 姓名 ']
20   student_ids = df[' 学号 ']
21
22   # 遍历名单，批量创建以 " 学号 - 姓名 " 格式的学生文件夹
23   for name, student_id in zip(names, student_ids):
24       folder_name = f'{student_id}-{name}'
25
26       # 创建学生文件夹
27       path_result = os.path.join(folder_data, folder_result, folder_name)
28       os.makedirs(path_result)
```

在这段代码中，使用 pandas 库的 read_excel() 函数读取"名单 .xlsx"文件，并从中获取姓名和学号的列。使用 zip() 函数来将姓名和学号组合在一起，然后遍历名单，依次创建学生文件夹。

运行这段代码后生成的文件夹如图 15-1-3 所示。

图 15-1-3 批量创建学生文件夹

任务 15.2 分类整理文件

在日常生活中，常常会分类整理文件，让文件更好查找。在这个任务中，我们将学习如何使用 Python

的 os 模块和 shutil 模块，实现文件的分类整理。

1. 相关知识

如果要按照文件扩展名对文件夹中的文件进行分类整理，需要遍历某文件夹中的所有文件、判断每个文件的扩展名、将不同扩展名的文件移动到对应的文件夹中。os 模块可以处理文件和文件夹，shutil 模块能够实现文件的移动。

例 15-2-1 说明了需要遍历文件夹、筛选文件以及移动文件时，如何使用 os.listdir、str.endswith 和 shutil. move 实现对应功能。该例是为演示特定知识点而设计的，不是可直接运行的完整代码。

【例 15-2-1】获取文件夹中的所有文件

实现遍历文件、筛选文件以及移动文件，示例代码如下。

```
1    # 获取文件夹 " 素材 a" 中的所有文件。
2    file_list = os.listdir(' 素材 a')
3
4    # 返回所有扩展名为 .txt 的文件。
5    text_files = [file for file in file_list if file.endswith('.txt')]
6
7    # 使用 shutil.move 函数可以实现文件的移动
8    # 设定相关文件和文件夹
9    source_file = 'a.txt'
10   destination_folder = 'txt 文件 '
11   # 移动文件
12   shutil.move(source_file, destination_folder)
```

【例 15-2-2】复制指定类型的文件到新文件夹

假设有一个"素材 a"文件夹，里面包含图 1.jpg、表 .xlsx、文本 .txt、图 2.jpg 等文件，如图 15-2-1 所示。

图 15-2-1　素材 a 文件夹包含的文件

把所有的 jpg 文件复制到"图片"文件夹中，示例代码如下。

```
1    import shutil
2    import os
3
4    # 设置文件夹
5    folder = ' 素材 a'
```

```
6    folder_pic = ' 图片 '
7
8    os.mkdir(folder_pic)
9
10   # 遍历 ' 素材 ' 文件夹
11   for file in os.listdir(' 素材 a'):
12
13       # 判断文件类型并复制
14       if file.endswith('.jpg'):
15           shutil.copy(os.path.join(folder, file), folder_pic)
```

运行这段代码，移动后的文件位置如图 15-2-2 所示。

图 15-2-2 复制指定类型文件到新文件夹

有了这些基本知识储备就可以开始实现分类整理文件的任务了。

2.任务实现

在这个任务中，我们需要把"素材"文件夹中三种类型的文件分别移动到不同的子文件夹中，示例代码如下。

```
1    import shutil
2    import os
3
4    # 设置文件夹
5    folder = ' 素材 '
6    folder_excel = 'Excel 文件 '
7    folder_jpg = 'jpg 文件 '
8    folder_png = 'png 文件 '
9    # os.mkdir(folder_excel)
10   # os.mkdir(folder_jpg)
11   # os.mkdir(folder_png)
12
13
14   # 遍历 ' 素材 ' 文件夹
15   for file in os.listdir(' 素材 '):
```

16	
17	# 判断文件类型并移动
18	if file.endswith('.xlsx'):
19	shutil.move(os.path.join(folder, file), folder_excel)
20	elif file.endswith('.jpg'):
21	shutil.move(os.path.join(folder, file), folder_jpg)
22	elif file.endswith('.png'):
23	shutil.move(os.path.join(folder, file), folder_png)

第一次运行的时候，由于没有分类文件夹，需要取消第 9~11 行的注释生成对应的分类文件夹。第 17~23 行代码是将素材文件夹中的文件按照 .xlsx、.jpg、.png 分别移动到对应的文件夹中。

运行这段代码，可以把文件自动分类整理到对应的文件夹中，结果如图 15-2-3 至图 15-2-5 所示。

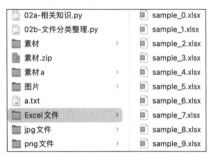

图 15-2-3 "Excel 文件"中的文件

图 15-2-4 "jpg 文件"中的文件

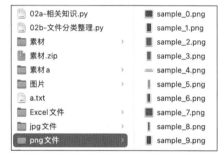

图 15-2-5 "png 文件"中的文件

由于代码中执行了移动文件的操作，代码运行后，"素材"文件夹中没有文件，如果要再次测试，需要解压"素材 .zip"，并删除"Excel 文件""jpg 文件""png 文件"这几个文件夹。

任务 15.3 自动生成电商平台报表

在这个任务中，我们将学习如何使用 Python 自动生成报表。

1. 相关知识

自动生成报表的过程通常包括以下步骤：读取数据、数据处理、计算所需信息、填入报表模板。这些操作都可以使用 Python 完成。

1）读取数据

要实现根据订单数据自动生成报表，首先需要读取订单交易数据的 Excel 文件。Python 中可以使用 pandas 库实现数据的导入和读取。

2）数据处理

数据处理主要是对读取的数据进行处理，提取需要的信息，执行计算操作。这部分通常需要一些数据分析和处理的知识，可以使用 pandas 和其他数据分析工具完成。

3）报表模板

准备一个 Docx 或者 Excel 文件作为模板，其中填入占位符。本任务使用如图 15-3-1 所示的报表模板。

交易报表

一、订单数量和交易总额

交易总额：{TOTAL_SALES} 元

订单数量：{TOTAL_ORDERS}

二、客户使用的支付方式分布图

{插入支付方式分布图}

图 15-3-1 交易报表模板

4）替换占位符

使用 Python 代码搜索占位符并将其替换为相应的值，从而生成最终的报表文档。

在这个模板文件中，{TOTAL_SALES}、{TOTAL_ORDERS}、{ 插入支付方式分布图 } 表示占位符，可以用 Python 代码中相应的结果取代，示例代码如下。

```
1      for paragraph in doc.paragraphs:
2          if '{TOTAL_SALES}' in paragraph.text:
3              paragraph.text = paragraph.text.replace('{TOTAL_SALES}', f'{total_sales:.2f}')
```

这段代码表示，如果在段落中出现 {TOTAL_SALES} 这个占位符，那么，这个位置就会被替换为变量 total_sales 的值。

有了这些基本知识就可以开始实现自动生成电商平台报表的任务了。

2. 任务实现

在这个任务中，我们需要根据交易数据的 Excel 文件和报表的 Docx 文件，把对 Excel 文件中数据的分析结果填入到报表的 Docx 文件中，示例代码如下。

```
1      # pip install python-docx
2
3      import pandas as pd
4      import matplotlib.pyplot as plt
5      from docx import Document
6      from docx.shared import Inches
7      import os
8
9
10     #设置中文显示和负号显示
11     plt.rcParams['font.sans-serif'] = ['STHeiti']
12     plt.rcParams['axes.unicode_minus'] = False
```

```
13
14   # 设置不同文件对应的变量
15   # 交易数据文件
16   data_file = ' 电商平台数据 .xlsx'
17   #
18   # 创建临时图片文件
19   chart_file_payment = ' 支付方式 .png'
20   #
21   # 使用模板自动生成 Word 报表
22   template_file = ' 模板 - 报表 .docx'
23   output_file = ' 输出 - 报表 .docx'
24
25   # 读取订单交易数据
26   df = pd.read_excel(data_file)
27
28   # 数据处理
29   df[' 销售额 '] = df[' 数量 '] * df[' 单价 ']
30
31   # 计算交易总额和订单数量
32   total_sales = df[' 销售额 '].sum()
33   total_orders = df.shape[0]
34
35
36   # 按支付方式分组，统计订单数量
37   payment_data = df.groupby(' 支付方式 ')[' 订单号 '].count()
38
39   # 绘制柱状图
40   payment_data.plot(kind='bar')
41   plt.title(' 支付方式分布图 ')
42   plt.xlabel(' 支付方式 ')
43   plt.ylabel(' 订单数量 ')
44   plt.savefig(chart_file_payment)
45   plt.close()
46
47   # 将上面的结果插入到模板中，自动生成报表
48   # 替换模板中的占位符并插入图片
49   doc = Document(template_file)
50   try:
51     # 填充交易总额
```

```
52    for paragraph in doc.paragraphs:
53        if '{TOTAL_SALES}' in paragraph.text:
54            paragraph.text = paragraph.text.replace('{TOTAL_SALES}', f'{total_sales:.2f}')
55
56    # 填充订单数量
57    for paragraph in doc.paragraphs:
58        if '{TOTAL_ORDERS}' in paragraph.text:
59            paragraph.text = paragraph.text.replace('{TOTAL_ORDERS}', str(total_orders))
60
61    # 查找包含 '{ 插入支付方式分布图 }' 占位符的段落
62    for paragraph in doc.paragraphs:
63        if '{ 插入支付方式分布图 }' in paragraph.text:
64            # 插入支付方式分布柱状图
65            doc.add_picture(chart_file_payment, width=Inches(4.5))
66            # 删除占位符所在段落
67            p = paragraph._element
68            p.getparent().remove(p)
69
70    # 存储报表文件
71    doc.save(output_file)
72
73 finally:
74    # 删除临时图片文件
75    os.remove(chart_file_payment)
76
77 print(f' 交易报表已生成并存储为：{output_file}')
```

在这段代码中，第 10~46 行代码是对"电商平台数据 .xlsx"文件中的数据进行计算并进行可视化分析。第 47~75 行代码把数据分析结果填入数据报表模板文件中。第 77 行代码给出代码任务完成的提示信息。

运行这段代码，可以得到一个名为"输出 - 报表 .docx"的文件，文件内容如图 15-3-2 所示。

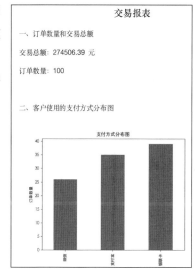

图 15-3-2　自动生成的报表

参考文献

[1] 赵广辉，李敏之，邵艳玲. Python 代码设计基础 [M]. 北京：高等教育出版社，2021.

[2] 黑马代码员. Python 快速编程入门 [M]. 2 版. 北京：人民邮电出版社，2022.

[3] 郭炜. Python 代码设计基础及实践（微课版）[M]. 北京：人民邮电出版社，2022.

[4] 童晶，童雨涵. Python 游戏趣味编程 [M]. 北京：人民邮电出版社，2020.

[5] 刘盈，谷建涛，闫海波，等. 基于 OBE 理念的 Python 程序设计课程实践案例教学 [J]. 计算机教育，2023（01）：21-27.